U0908023

国学经典丛书
名家注译本

菜根谭

[明]洪应明 著
林家骊 注译

长江出版传媒
长江文艺出版社

图书在版编目（CIP）数据

菜根谭 /（明）洪应明著 ；林家骊注译. -- 武汉 ：
长江文艺出版社，2015.7（2023.9 重印）
（国学经典丛书）
ISBN 978-7-5354-8032-3

Ⅰ. ①菜… Ⅱ. ①洪… ②林… Ⅲ. ①个人—修养—
中国—明代②《菜根谭》—注释③《菜根谭》—译文
Ⅳ. ①B825

中国版本图书馆 CIP 数据核字（2015）第 109442 号

责任编辑：张远林　　责任校对：毛季慧
封面设计：新华智品　　责任印制：邱　莉　杨　帆

出版：长江出版传媒｜长江文艺出版社
地址：武汉市雄楚大街 268 号　　邮编：430070
发行：长江文艺出版社
电话：027—87679360
http://www.cjlap.com
印刷：三河市百盛印装有限公司

开本：880 毫米×1230 毫米　1/32　　印张：8.625
版次：2015 年 7 月第 1 版　　2023 年 9 月第 3 次印刷
字数：187 千字

定价：72.00 元

总　序

郭齐勇　武汉大学国学院院长

国学大师钱穆先生曾说“今人率言‘革新’，然革新固当知旧”。对现代人尤其是青年一代来说，缺乏的也许不是所谓的“革新力量”，而是“知旧”，也即对传统的了解。

中国文化传统的源头，都在中国古代经典当中。从先秦的《诗经》《易经》，晚周诸子，前四史与《资治通鉴》，骚体诗、汉乐府和辞赋，六朝骈文，直到唐诗、宋词、元曲和明清小说，在传统经典这条源远流长的巨川大河中，流淌着多少滋养着我们精神的养分和元气！

《说文解字》上说“经”是一种有条不紊的编织排列，《广韵》上说“典”是一种法、一种规则。经与典交织运作，演绎中国文化的风貌，制约着我们的日常行为规范、生活秩序。中国文化的基调，总体上是倾向于人间的，是关心人生、参与人生、反映人生的，当然也是指导人生的。无论是春秋战国的诸子哲学，汉魏各家的传经事业，韩柳欧苏的道德文章，程朱陆王的心性义理，还是先民传唱的诗歌，屈原的忧患行吟，都洋溢着强烈的平民性格、人伦大爱、家国情怀、理想境界。尤其是四书五经，更是中国人的常经、常道。这些对当下中国人治国理政，建构健康人格，铸造民族精魂都具有重要意义。经典是当代人增长生命智慧的源头活水！

长江文艺出版社历来重视中华民族优秀传统文化的传播及普及，近年来更在阐释传统经典、传承核心文化价值，建构文化认同的大纛下努力向中国古典文化的宝库掘进。他们欲推出《国学经典丛书》，殊为可喜。

怎么样推广这些传统文化经典呢？

古代经典和现代读者的阅读习惯及趣味本来有一定差距，如果再板起面孔、高高在上，只会让现代读者望而生畏。当然，经典也不是任人打扮的小姑娘，一味将它鸡汤化、庸俗化、功利化，也会让它变味。最好的办法就是，既忠实于经典的原汁原味，又方便读者读懂经典，易于接受。在这个原则的指导下，《国学经典丛书》首先是以原典为主，尊重原典，呈现原典。同时又照顾现实需要，为现代读者阅读经典扫除障碍，对经典作必要的字词义的疏通。这些必要精到的疏通，给了现代读者一把打开经典大门的钥匙，开启了现代读者与古圣先贤神交的窗口。

放眼当下出版界，传统文化出版物鱼目混珠、泥沙俱下，诸多出版商打着传承古典文化的旗号，曲解经典，对现代读者尤其是广大青少年认知传承经典起了误导作用。有鉴于此，长江文艺出版社推出的《国学经典丛书》特别注重版本的选取。这套丛书30个品种当中，大多数择取了当前国内已经出版过的优秀版本，是请相关领域的名家、专业人士重新梳理的。这些版本在尊重原典的前提下同时兼顾其普及性，希望读者能有一次轻松愉悦的古典之旅。

种种原因，这套丛书必然会有缺点和疏漏，祈望方家指正。

导言

在我国浩如渊海的传统文化典籍中，有一本书至今还放射出智慧的光芒。四百年来，它被多次翻刻，广泛流传，经久不衰，远播海外，这本书就是明朝万历年间洪应明撰写的《菜根谭》。

一

洪应明，字自诚，别号还初道人，《明史》无传，它书似乎也未提及。其生平事迹，只有从他自己的著作以及别人为他的著作所作的题记、序跋来加以考证了。

洪应明的著作，留传至今的，除了《菜根谭》，还有《仙佛奇踪》四卷。《四库全书总目》著录云：

> 《仙佛奇踪》四卷，明洪应明撰。应明字自诚，号还初道人，其里贯未详，是编成于万历壬寅。前二卷记仙事，后二卷记佛事。首载老子至张三丰六十三人，名曰《消摇墟》，末附《长生诠》一卷。次载西竺佛祖自释迦牟尼至般若多尼十九人，中华佛祖自菩提达摩至船子和尚四十二人，曰《寂光境》，末附《无生诀》一卷。仙佛皆有绘像，殆如儿戏。

考释道自古分门，其著录之书亦各分部，此编兼采二氏，不可偏属。以多荒怪之谈，姑附之小说家焉。（子部·小说家类存目二）

民国二十年陶湘辑刻《喜咏轩丛书戊编·还初道人著书二种》，收有《仙佛奇踪》，书前《仙引》，了凡道人袁黄曰：

洪生自诚氏，新都弟子也。一日携《仙记》一篇征言于予，予披阅之，青霞紫气，映发左右，宛若游海上而揖群真，令人飘然欲仙，真欲界丹丘、尘世蓬岛也。

《佛引》中，真实居士冯梦祯曰：

洪生自诚氏，幼慕纷华，晚栖禅寂，缘是溯诸佛菩萨而为之传其神、纪其事。

日本太和馆本《仙佛奇踪》中《长生诠》和《无生诀》有小引，记曰：

万历壬寅季冬朔，还初道人洪应明书于秦淮小邸。

又《菜根谭》有三峰主人于孔兼题词，内曰：

逐客孤踪，屏居蓬舍。乐与方以内人游，不乐于方以外人游也。……适有友人洪自诚者，持《菜根谭》示予，且丐予序。

根据以上材料，我们可以知道：一、洪应明是四川新都（今四川省新都区）人，后到南京求仕且在南京居住；二、洪氏与袁黄、冯梦祯、于孔兼都有交往。袁黄（1534—1607），浙江嘉善（今浙江省嘉善县）人，作有《阴骘录》一书，隆庆三年（1569）取号了凡，万历壬寅年（1602）为六十九岁；冯梦祯（1548—1605），字开之，祖籍江苏高邮（今江苏省高邮市），明初移居浙江嘉兴（今浙江省嘉兴市）秀水，万历五年会元，翰林院庶吉士，同编修，后任南京国子监司业，最后以祭酒致仕，归隐秀水，栖心禅寂，万历壬寅年写题序时年五十五；于孔兼字天时，金坛（今江苏省镇江市）人，万历八年（1580）进士，《明史》卷二三一有传，另据《东林列传》记载，他曾赴无锡参与东林讲学。日本学者井宇三郎博士《菜根谭解说》推断于孔兼约在万历四十一年（1613）五十五岁时去世，那么万历壬寅年于孔兼为四十四岁，是年洪应明结束了《仙佛奇踪》的编辑，以后又开始《菜根谭》的撰写，书成时，袁黄与冯梦祯都已去世，独有于孔兼在世，于是请于作了题词。从以上考述可知，袁黄与冯梦祯是洪应明的前辈，于孔兼与洪应明年龄相仿，这与三人题序、题词的语气相符。从题序与题词我们还可以知道，洪应明早年热中仕途，后来仕途不顺，遭受种种磨难曲折，晚年信奉佛道二教，故有《仙佛奇踪》与《菜根谭》之作。

二

《菜根谭》，一作《菜根谈》，谭与谈通。而何以命名“菜根”二字？考宋邵伯温《闻见录》云：

> 汪信民常言，人咬得菜根，则百事可做。

朱熹《朱子全书·学篇》云：

某观今人因不能咬菜根而至于违其本心者众矣，可不戒哉！

于孔兼《菜根谭题词》云：

谭以菜根名，固自清苦历练中来，亦自栽培灌溉里得，其颠顿风波，备尝险阻可想矣。洪子曰："天劳我以形，吾逸吾心以补之；天厄我以遇，吾高吾道以通之。"其所自警自力者又可思矣！

乾隆三十三年（1768）三山病夫通理序云：

夫洪应明者，不知为何许人，其首命名题又不知何所取义，将安序哉？窃拟之曰：菜之为物，日月所不可少，以其有味也。但味由根发，故几种菜者必要厚培其根，其味乃厚，似此书所说"世味及出世味皆为培根之论，可弗重欤？"又古人云"性定菜根香"，夫菜根，弃物也，而其香非性定者莫知。如此书，人多忽之，而其旨唯静心沉玩者方堪领会。

所有以上这些，均可作为此书何以要以"菜根"二语为名的解释。比较以上诸说，何者为优？于孔兼氏为作者友人，其说或更接近作者原意吧！

《菜根谭》成书后，曾多次翻刻，广为流传，今天所能看到的版本，大致来说可以分为两个系统。一个系统的版本分为前集和后集，书前有三峰主人于孔兼的题词，卷首有“还初道人洪自诚著觉迷居士汪乾初校”字样，现有明刊本存世，据日本学者中村樟八、石川力山《菜根谭考述》一文推测，此书最初收录在万历年间翻刻的《遵生八笺》的附录中，在日本广为流传的就是这个系统的版本。另一个系统的版本有的亦分前后两集，前集再分修省、应酬、评议、闲适四编，后集是概论一编，有的干脆不分前后两集，全书直接分为修省、应酬、评议、闲适、概论五编，现在所能看到的这一系统的最早的版本是清乾隆三十三年常州天宁寺刻本，国内流传本大多是这个系统的版本。比较两个系统的各个版本，所收章数和次序都有不同，但总的来说，第二个系统版本的章数明显多于第一部系统版本。为何如此，原因待考。

三

《菜根谭》真正广泛引起人们兴趣的，应该说首先是在与我国一衣带水的友好邻邦——日本。

《菜根谭》问世后，在明代就漂洋过海，流传到了日本。据日本学者中村樟八、石川力山的《菜根谭考述》一文，日本现存明代万历年间刻本《遵生八笺》后附有《菜根谭》，同时，还有明刻单行本保存，比如尊经阁文库就收藏有明版的《菜根谭前集》、《菜根谭后集》二册，在这种版本中，没有于孔兼的题词。内阁文库还收藏钤有享和癸亥三年（1803）印章的一个抄本，书前冠有于孔兼题词，封面和卷末有“昌平版学问所”的黑印章，卷首则有“浅草文库”的印章，这种钞本在于孔兼题词的字体、每页的行数、每行的字数、落款等方面，都跟收入《遵生八笺》的《菜根谭》完全相同，然根据里面的空缺之处推究，又不抄于《遵生八笺》，可知又是抄于另一个本子。文政五年（1822）五月加贺藩的儒生林瑜（1781~1835）刊印了日本最早的《菜根谭》刻本，他在《重刻〈菜根谭〉序》中详述了刊行《菜根谭》的原因，他说，最近在江户游学时得到洪氏所著的《菜根谭》一书，读后深感此书识见卓越，与普通儒者的见解不同，虽然仅是分前后二集的小册子，但也要“对此书亲自校勘，把以往对此书的评语抄录下来，置于书前，授诸门人，将其付梓刊刻，公之于同志，省其抄写之劳”。文政八年，江户的层山堂西村宗七又翻刻了此书。元治元年、明治初年、大正十四年，不断地在各地翻刻，进一步同日本各阶层的读者见面。据《菜根谭考述》一文列举的日本刻本还有：近藤元粹评点的《菜根谭》（明治三十一年，井上文鸿堂），山田孝道的《菜根谭讲义》（明治四十一年，光融馆），东敬治标注的《标注菜根谭》（明治四十二年，松山堂），文保天随的《菜根谭详解讲义》（明治四十三年，金刺芳流堂），日下宽的《袖珍菜根谭讲义》（明治四十三年，大修堂），山口察常译注《菜根谭》（昭和九年，岩波文库），五岛庆太颜的《袖珍菜根谭》（昭和十五年，实业之日本社），鱼返善雄译《菜根谭》（昭和三十年，角川文库），神保侃、吉田丰《菜根谭》（昭和四十年，德间书店），今井宇三郎《菜根谭》（昭和四十二年，明德出版社，中国古典新书），今井宇三郎译注《菜根谭》（昭和五十年，岩波文库）等，可见《菜根谭》在日本是一本颇受人们欢迎的书籍。最近，日本又出现了《菜根谭》热，日本企业家普遍认为，这本书在企业管理、用人制度、业务推销、开拓市场、企业家自身修养等方面，都是一本极为珍贵的好教材，书中条条格言都往往为企业家反复研读，学好《菜根谭》，终生享用不尽。李荣标先生在《〈菜根谭〉在日本》一文中称，他仅仅在日本东京神田书店街就看到了三种不同版本的《菜根谭》，“一种是精装本，一种是简装本，另一种是岩波文库本”，他深有感慨地说：

“在日元升值、经济不景气、书籍大量滞销的日本，一部书同时用几种版本发行，乃是一种引人注目的现象，这说明日本社会对《菜根谭》的重视和需要。”

四

《菜根谭》一书在中国的流传，却似乎经历了一个颇为曲折的过程，虽然我们现在还能看到一些较早的版本，如明刊本、清乾隆三十三年（1768）常州天宁寺校刊本等，然而流传面大概不广，乾隆五十九年（1794）二月二日遂初堂主人重刻此书的识语颇引人深思，曰：

> 余过古刹，于残经败纸中，拾得《菜根谭》一录。翻视之，虽属禅宗，然于身心性命之学实有隐隐相发明者。亟携而归，重加校准，缮写成帙。旧有序文不雅驯，且于是书无关涉语，故芟之，著是书者为洪应明，究不知其为何许人也。

此书当时竟被弃入残经败纸之中，联系乾隆三十三年三山病夫通理在常州天宁寺校刊本序言中所说的“夫洪应明者，不知为何许人”等话来看，《菜根谭》在当时既不被人所重视，那么洪应明究竟是什么人，就更不会为当时的人所知道了。

虽然如此，清代道光、同治、光绪年间，还是有人对《菜根谭》发生兴趣，且有人翻刻此书，这些版本现在仍能看到。

至于到了民国年间《菜根谭》的一度广泛引人注目，说来有趣得很，还是受了海外遗书传回中国的浪潮的影响。一九一五年，浙江奉化（今浙江省奉化市）人孙锵奉命出使日本，在京都的书店买到了文政刻本《菜根谭》和阳明学派书籍十二种回国，他翻阅了《菜根谭》后，认为此书对那些急功近利者可作清凉散，对那些萎靡不振者可当益智膏，又误认为此书中国已经佚失，于是将此书校订出版，并加序曰：

《菜根谭》者。一名《处世修养篇》，余以今年一月东游日本，购之京都书肆者也。书为日本人竹子恭所释，……前清末年，凡有志荣途者，无不藉东游为捷径，甚至政府亦标以品题，然其所查考者，大都师范、法政、工艺、制造诸新法是已。余之东游，仅十日耳，既不能多所考查，多所购买，于阳明学派书十二种外，又得此篇。盖虽仅仅数十纸，不足以见学术之本原，然急功近名者服之，可当清凉散，萎靡不振者服之，可当益智膏，以此馈饷国人，似亦不无小补也。……

书后还附有浙江海宁（今浙江省海宁市）人马汤楹所写的跋文，跋文中也认为《菜根谭》一书中土早已亡佚。

过了五年，一九二〇年孙锵又得到了另一种本子即国内保存的本子，发现与其从日本携回的本子殊多不同之处，又作了翻刻，并作《菜根谭后序》云：

乙卯之春，归自日本，购有《菜根谭》一书，……刷印多次。而大儿海环，亦因友人索观者众，在成都依式仿印，不胫而走，几遍全国。此前世鲜见本，故海宁马绪卿先生亦以为书亡不知若干年也。其后吾浙人寓成都者陈君西庚书来，谓其与架上藏本，颇有异同。余固悟中国自有刊本，并未亡失，特当求之不广耳。既而购得常州天宁寺刊本，不分前后集，而有修省、应酬、评议、闲适、概论等名目，始知日本所谓《处世修养篇》者，殆得各类而泛言之耳。……后又购得金陵刻经处本，则分类与天宁寺本无异，……

孙锵翻刻的两个不同系统的《菜根谭》版本，在国内引起了人们广泛的注意，以后各地也多有翻印。

国内现存《菜根谭》版本甚多，比如：明代刊本，清乾隆三十三年（1768）常州天宁寺刊本、道光六年（1826）重刻本，道光十五年（1835）北京琉璃厂魁元斋刊本，同治四年（1865）中道堂刻印木，光绪元年（1875）扬州藏经禅院刻本，光绪二年（1876）扬州藏经禅院重刻本，光绪五年（1879）春田氏重印本，光绪十三年（1887）扬州藏经禅院重刻本，宣统三年（1911）刻本，民国四年（1915）孙锵铅印本，民国九年（1920）新学会社印本、民国九年孙锵印本，民国十一年（1922）福建汀州医院傅连璋石印本，民国十六年（1927）上海青年协会排印本，民国十七年（1928）秦光弟石印本，民国十八年（1929）排印本，民国二十年（1931）武进陶氏《喜咏轩丛书戊编》所收《还初道人著书二种》本，民国二十一年（1932）《周氏师古堂所编书》本，民国二十六年（1937）上海世界图书局《佛学丛刊》铅印本，民国三十年（1941）铅印本，民国三十二年（1943）铅印本，民国三十七年（1948）铅印本，年份不明的海门印刷局排印本、明善书局石印本、上海铅印本等。从上述版本情况可以看出：自一九一五年孙锵之书刊行后，各种印本显著增加。

五

《菜根谭》为何能拥有如此众多的读者，产生如此深广的影响？纵观全书，我们可以知道，这是一本论述修身、处世、待人、接物、应事的格言集。有明一代，到了万历年间，阶级矛盾日益激化，但朝廷上下却是醉生梦死，阉党横行、权奸当道，东林党人正人君子已被排斥殆尽，知识分子中的才智之士大多沉埋下层，社会风气日益卑下。作者学识渊博，才智超人，可是在那黑暗的时代，仕途颇受挫折，志不得伸，在长期的磨难中，对社会现象有了入木三分的观察。在这本格言集中，凝聚着作者对整个人生社会万种世态和错综复杂的人际关系的分析，饱含着作者企图拯救社会、劝人为善的一片苦心，显示了他对儒、释、道三教思想融会贯通的灵活运用。本书内容丰富，包罗万象，无所不及，促人警觉，言近旨远，趣味盎然，富有哲理，颇多独特见解，含有朴素的辩证法思想。在书中，有几方面的内容是十分突出的。

首先，本书十分强调人生在世应该十分注重磨炼自己的人品道德。无论哪种版本，首章就是“欲做精金美玉的人品，应当从烈火中炼来；思立掀天揭地的事功，须向薄冰上履过”。把千锤百炼的精神和小心谨慎的态度巧妙地结合起来了。“昨日之非不可留，留之则根在复萌，而小过转为大罪，今日之是不可执，执之则渣滓未化，而理趣反成欲根。”提醒人们对于自己的缺点错误千万不要轻易放过。“无事，便思有闲杂念虑否；有事，便思有粗浮意气否；得意，便思有骄矜辞色否；失意，便思有怨望情怀否。时时检点，到得从多入少，从有入无处，才是学问的真消息。”让人们时时处处都不要放松自己的思想修养。“士人有百折不回之真心，才有万变不穷之妙用。”提倡做人要有百折不回的精神。“小处不渗漏；暗处不欺隐；末路不怠荒，才是真正英雄。”说明人们修炼品德的态度要认真严肃，不要有丝毫的欺隐和怠荒。

其次，本书提出了为人处世要有一定的气度与见识，还要有真诚的态度。“我果为洪炉大冶，何愁顽金钝铁不可陶镕；我果为巨海长江，何患横流污渎不能容纳。”表达了作者对改变世风、劝人为善的信心。“融得情性上偏私，便是一大学问；消得家庭内嫌隙，便是一大经纶。”说明能真正处理好人际关系实在不是一件容易的事。“操存要有真宰，无真宰则遇事便倒，何以植顶天立地之砥柱；应用要有圆机，无圆机则触物有碍，何以成旋乾转坤之经纶？”提出凡事要有自己的主见，而且要有随机应变的灵活性。“曲意而使人喜，不若直躬而使人忌；无善而致人誉，不若无恶而致人毁。”“处父兄骨肉之变，宜从容，不宜激烈；遇朋友交游之失，宜剀切，不宜优游。”提醒人们为人处世态度要真诚正直，而不要随意曲从。

再次，《菜根谭》提出了怎样才能真正识人、怎样才能用人的问题。“非盘根错节，何以别攻木之利器；非贯石饮羽，何以明射虎之精诚；非颠沛横逆，何以验操守之坚定。”提出只有经过考验，在关键时刻才能真正识别人。“才智英敏者，宜以学问摄其躁；气节激暴者，当以德性融其偏。”“少年之人，不患其不奋迅，常患以奋迅而成卤莽，故当抑其躁心；老成之人，不患其不持重，常患以持重而成退缩，故当振其惰气。”提出因人而治的方法。“降魔者先降自心，心伏则群魔自退；驭横者先驭其气，气平则外横不侵。”提出了思想工作为先的道理。“教弟子如养闺女，最要严出入、谨交游，若一接近匪人，是清净田中下一不净的种子，便终身难植嘉苗矣。”提出了培养人教育人时要注意的问题。如何对待有缺点错误的人呢？洪氏曰：“家人有过，不宜暴怒，不宜轻弃。此事难言，借他事隐讽之；今日不悟，俟来日再警之。如春风解冻，和气消冰，才是家庭的典范。”大度待人，容其改正。

第四，《菜根谭》劝人在遇到逆境时要正确对待，办事要有一种知难而进的精神，还要有一种善于忍耐的态度。“事稍拂逆，便思不如我的人，则怨尤自消；心稍怠荒，便思胜似我的人，则精神自奋。”“恩里由来生害，故快意时须早回头；败后或反成功，故拂心处切莫放手。”告诉人们如何对待拂逆和失败。“功夫自难处做去，如逆风鼓棹，才是一段真精神；学问自苦中得来，似披沙获金，才是一个真消息。”“立业建功，事事要从实地著脚，若少慕声闻，便成伪果。”在治学和办事的态度方面，提出了要有刻苦、踏实精神的重要性。“语云：登山耐险路，踏雪耐危桥。一‘耐’字极有意味。如倾险之人情，坎坷之世道，若不得一‘耐’字撑持过去，几何不堕入榛莽坑堑哉?”对忍耐精神作了充分肯定。

第五，《菜根谭》在具体对待社会生活的各个方面都有一些极好的意见，可供我们借鉴。如在从政与家庭方面，“居官有二语，曰：唯公则生明，唯廉则生威。居家有二语，曰：唯恕则平情，唯俭则足用。”前半对我们今天的廉政建设还有现实意义，后半对我们如何搞好家庭团结和家庭建设极富启发作用。“毋因群疑而阻独见，毋任己意而废人言，毋私小惠而伤大体，毋借公论而快私情。”提倡广开言路，听取不同意见。“善启迪人心者，当因其所明而渐通之，勿强开其所闭。”提倡做思想工作要循循善诱。“谢豹覆面，犹知自愧；唐鼠易肠，犹知自悔。盖愧、悔二字，乃吾人去恶迁善之门，起死回生之路也。人生若无此念头，便是既死之寒灰，已枯之槁木矣。何处讨些生理?”让人们时常对自己所做之事进行反省，充满了作者劝世为善的一片苦心。

如此种种，不能一一枚举。总而言之，《菜根谭》一书言近旨远，雅俗共赏，仁者见仁，智者见智，能使人警觉，引发无限联想，其儒家的道德，佛道的妙理，能给人以智慧和力量。此书文笔优美、比喻生动、对仗工整，情文并茂，反复阅读，意味无穷。虽然作者由于时代与阶级的局限，使得书中也存在着一些糟粕，比如宣扬唯心论、天命论和消极厌世、浮生如梦的思想，但这些应以历史的观点去看待，不可苛求于古人。

六

《菜根谭》现在仍有它的现实意义，很值得一读。只是由于它用骈体文言写成，又充满儒、释、道三教哲理，含义深奥，一般的读者阅读还是有不少困难的，因此不揣冒昧，把它译注如后。本书的整理译注，采用清乾隆三十三年常州天宁寺校刊本作为工作底本，以其它各本作为参校本，修省、应酬、评议、闲适四编共204章，作为前集，概论编有207章，作为后集，另有161章作为续集，共计572章，应该说这是一个比较完备的本子了。将这一本充满禅理的书加注和翻译，使万人通读，对我来说，是一项新的尝试，因为许多原文哲理深奥，文笔优美，译文难以企及。但是为了弘扬祖国传统文化，我还是坚持做了，并且努力完成了。限于水平，拙稿中的错漏之处，在所难免，恳切希望读者批评指正。

本书在撰写过程中得到了许多老师与朋友的帮助，得到了浙江省图书馆、上海图书馆、北京图书馆古籍部工作人员的帮助，在此表示深深的谢意。

林家骊

目　　录

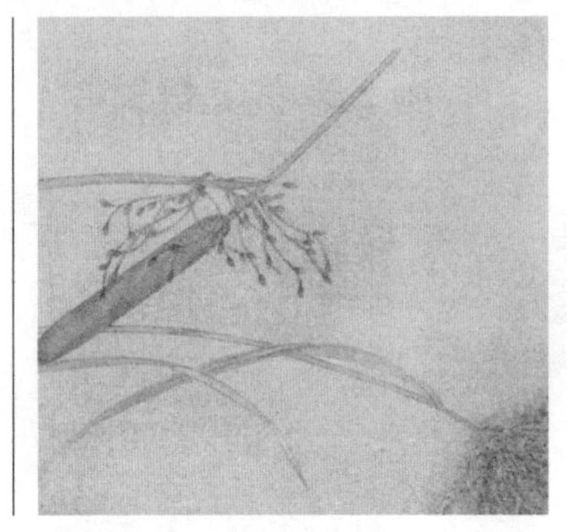

菜根谭（前集）

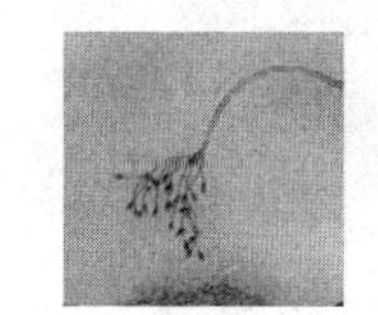

修　省[1]

【注释】　①修省（xǐng）：修身反省。即努力提高自己的品德修养，回忆检查自己的思想行为。《易·震》："君子以恐惧修省。"

一

欲做[1]精金美玉的人品[2]，定从烈火中锻来；思立掀天揭地的事功[3]，须向薄冰上履过[4]。

【注释】　①做：在此为涵养修炼之意。②人品：人的品质、品格。③事功：事业和功绩。王巾《头陀寺碑文》："夫民劳事功，即镂文于钟鼎。"④"须向"句：《诗经·小雅·小旻》中有"战战兢兢，如临深渊，如履薄冰"的句子，原诗描写周王朝下层官吏的戒惧心理。这儿是谨慎从事的意思。履：走。

【译文】　如果想要涵养修炼成精金美玉那样完好的品质，一定要经过熊熊烈火和千锤百炼的考验；如果想要建立震天动地的事业和功绩，必须时时处处小心谨慎，就像在薄薄的冰层上走过。

二

一念[1]错，便觉百行[2]皆非，防之当如渡海浮囊，勿容一针之

罅[3]漏；万善[4]全，始得一生无愧，修之当如凌云宝树[5]，须假[6]众木以撑持。

【注释】 ①一念：佛学术语，思念对境一次叫一念。但其义甚多，各宗不一。此处可理解为一动念或一个念头。②百行：多方面的品行。《三国志·魏书·王昶传》戒子书："夫孝敬仁义，百行之首，行之而立，身之本也。"③罅（xià）：瓦器的裂缝，引申为凡物的缝隙。④万善：佛学术语，一切善事。⑤凌云宝树：凌云，直上云霄，形容物体升向空中，离地面很远。宝树，佛学杂名，指珍宝的树林，谓净土之草木，《法华经·寿量品》曰："宝树多华树，众生所乐游。"⑥假：借。

【译文】 一个念头错了，便会觉得各种品行都错了，防止它，要像检查渡海所用的气袋，容不得针眼大小的裂缝；一切善事都做，才能一生没有愧悔，坚持它，要像直冲云霄的宝树，必须借助其他树木的撑持。

三

忙处事为[1]，常向闲中先检点，过举自稀；动[2]时念想，预从静里密操持，非心自息。

【注释】 ①事为（wéi）：做事，作为。②动：事物发展行进，与静相对。

【译文】 匆忙之时做事，如能在空闲时预先查点准备，那么错误的行为自会减少；行动之时的想法，如能在安静时先细密考虑，那么不对的想法自会平息。

四

为善而欲自高胜人；施[1]恩而欲要名[2]结好；修业[3]而欲惊世骇俗；植节[4]而欲标异见奇，此皆是善念中戈矛，理路[5]上荆棘，最易夹带，最难拔除者也。须是涤尽渣滓，斩绝萌芽，才见本来真体[6]。

【注释】 ①施：施予，给予。②要名：要，通“徼”，求取名声。③修业：修营功业，《易·乾·文言》：“君子进德修业。”孔颖达疏：“欲进益道德，修营功业，故终日乾乾匪懈也。”④植节：培植节操，修养品德。见：同“现”，显示。⑤理路：理，治玉，对玉进行加工，这里指修行的道路。⑥本来真体：佛学称无物之始谓之本来。本来真体，简称本体，或称真身，谓诸法之根本自体。在此指未被诸般恶念浸染的思想原貌。

【译文】 做了好事却想胜过别人以己为高，给人恩惠却想求取名声结好别人，修营功业却想使世俗大众惊怪骇异，培植节操却要显示异常表现奇特，这些都是善良愿望中的刀枪，修行道路上的荆棘，最容易夹杂，也最难于拔除的。必须把这些私心杂念彻底洗涤干净，把萌发的芽头全部斩尽，才能显现出未被诸般恶念浸染的思想原貌。

五

能轻[1]富贵，不能轻一轻富贵之心；能重名义[2]，又复重一重名义之念。是事境之尘氛[3]未扫，而心境芥蒂[4]未忘。此处拔除不净，恐石去而草复生矣。

【注释】 ①轻：看轻。②重：看重。名义：身份、资格、名分，又指名誉、名节。③事境：处事范围。尘氛：尘俗气氛。④心境：思想境界。芥蒂：亦作“蒂芥”，细小的梗塞物。后用“芥蒂”比喻积在心里的怨恨或不快。

【译文】 口头上说能够看轻富贵的人，实际上心里不能真的看轻富贵；心里本来就看重名义的人，看重名义的心会越来越重。这些都是因为处事范围中尘俗的气氛没有扫除干净，积在心里的怨恨和不快没有完全忘掉。富贵、名义的根子不能拔尽，其它的一切欲念只怕如同杂草，石头一搬掉，杂草又会长出来了。

六

纷扰固溺志[1]之场，而枯寂亦槁心[2]之地。故学者当栖心玄默[3]，以宁[4]吾真体；亦当适志恬愉[5]，以养吾圆机[6]。

【注释】 ①纷扰：混乱，动乱不安。溺志：心志沉湎其中。②槁（gǎo）心：思想干枯。③栖心：止息自己的心思。玄默：沉静无为。④宁：使……静息。⑤适志恬愉：顺遂心意，安逸快乐。⑥圆机：佛学术语，指圆顿的机根。圆有圆融、圆满之意，顿与渐相对。所谓“一法圆满一切法，以一念之开悟，顿疾极足佛果”，叫做圆顿。佛学称自心保有，为教法激发而活动起来的念想为根机。圆机在此指随时可因受教而圆满顿悟的机缘。

【译文】 纠杂烦扰固然是使人心志沉湎其中的场所，但枯燥寂寞也是使人思想干枯的地方。因此学者应当止息心思、沉静无为，使自己的真体得到静息；同时也应当顺遂心意，安逸快乐，以调养自己圆顿的机根。

七

昨日之非不可留，留之则根柢复萌，而尘情终累乎理趣[1]；今日之是不可执[2]，执之则渣滓[3]未化，而理趣反转为欲根[4]。

【注释】 ①尘情：佛教称色、声、香、味、触、法为六境，通过眼、耳、鼻、舌、身、心六根“坌污净心，触身成垢，故名尘”。即指世俗的欲念。理趣：玄妙理论中包蕴的旨趣。②执：佛教称固执事物而不稍释的妄情谓之执，亦称执念或执心。③渣滓：物品提出精华后剩下的东西。④欲根：情欲之根。根，佛教术语，意谓“能生"，具有促进增生作用。

【译文】 昨天的错误不可保留，如果保留，那么遇到合适的条件就会在旧根上重新萌发新芽，而世俗的欲念终将有累于道理的旨趣；今天的正确也不可执念，如果执念，那么正确前提下的小错误不能融化，而道理的旨趣反而会转化为情欲之根。

八

无事，便思有闲杂念想否；有事，便思有粗浮意气否；得

意，便思有骄矜辞色否；失意，便思有怨望[①]情怀否。时时检点，到得从多入少，从有入无处，才是学问的真消息[②]。

【注释】 ①怨望：心怀不满。《史记·商君列传》："商君相秦十年，宗室贵戚，多怨望者。"②消息：关键。

【译文】 没有事情的时候，就要想一想自己有无闲逸杂乱的念头；忙于事情的时候，就要想一想自己有无粗疏浮躁的意气；志得意满的时候，就要想一想自己有无骄傲矜夸的辞色；失意受挫的时候，就要想一想自己有无心怀不满的情怀。时常检查约束，能够做到从多到少，从有到无，这样就是掌握了为人处世的真正关键。

九

士人有百折不回[①]之真心，才有万变不穷之妙用。

【注释】 ①百折不回，比喻意志坚强，不论受多少挫折都不屈服。

【译文】 一个人只有意志坚强、百折不挠，才可把他放在各种各样的位置上，应付各种各样复杂的局面。

一〇

非盘根错节[①]，何以别攻木之利器；非贯石饮羽[②]，何以明射虎[③]之精诚；非颠沛横逆[④]，何以验操守之坚定？

【注释】 ①盘根错节：树木的根干枝节，盘屈交错，不易砍伐，多用以比喻事情繁难复杂不易处理。《后汉书·虞诩传》："志不求易，事不避难，臣之职也；不遇盘根错节，何以别利器乎？"②贯石饮羽：箭射入石极深，连箭杆尾部羽毛都隐没不见。③射虎：《史记·李将军列传》："（李）广出猎，见草中石，以为虎而射之，中石没羽，视之石也。因复更射之，终不能复入矣。"④横（hèng）逆：语出《孟子·离娄下》："有人于此，其待我以横逆，则君子必自反也。"赵岐注："横逆者，以暴虐之道来加我也。"

【译文】 假如不是这树木盘根错节，怎么能区别出这种砍伐树木工具的锋利？假如不是箭头贯穿石头连羽毛都射了进去，怎么能使人知道他射虎之心的至诚？假如没有经过动荡变乱和横蛮的非礼之遇，怎么能使人知道他品德操行的坚定？

一一

立业建功，事事要从实地著脚，若少慕声闻，便成伪果[1]；讲道修德，念念要从虚[2]处立基，若稍计功效，便落尘情。

【注释】 ①果：梵语叫颇罗，树木结的果实。佛学对因而言，一切之有为法前后相续，故对于前因而谓后生之法为果。学佛之人，精修有得，谓之证果，别于外道，故曰正果。伪果与之相反。②虚：佛学术语。虚与空，都是无的别称，虚无形质，空无障碍，因此叫虚空。虚空有体有相，体者平等周遍，相者随于其他物质而彼此有所分别。

【译文】 建立功业，每件事情都要从实际的地方落脚做起，如果稍微贪图名声，便会成为伪果；讲修道德，每一个想法都要在虚空的地方建立根基，如果稍微计算功效，便会跌落到世俗的欲念中去。

一二

身不宜忙，而忙于闲暇之时，亦可儆[1]惕惰气；心不可放[2]，而放于收摄之后，亦可鼓畅天机[3]。

【注释】 ①儆：同警。②放：放任、放松、放纵。③鼓畅：振动沟通。天机：犹灵性，谓人的天赋灵机。《庄子·大宗师》："其耆（嗜）欲深者，其天机浅。"

【译文】 身子不应该太为操劳，但是在闲暇之后应该操劳一下，这样可以防止惰气；思想不可以任意放松，但是在紧张之后应该放松一下，这样可以触动沟通人的灵性。

一三

钟鼓体虚，为声闻[1]而招撞击；麋鹿性逸[2]，因豢养而受羁

縻[3]。可见名为招祸之本，欲乃散志[4]之媒。学者不可不力为扫除也。

【注释】 ①声闻：指发出响声，喻名声。②麋鹿：哺乳动物，性温顺，为稀有之珍贵动物。③羁縻（jī mí）：拘系管束。④散志：涣散心志。

【译文】 钟鼓因为身体空虚、能发出响声而被人撞击，麋鹿因为性情安闲温顺、容易接受豢养而受到拘系管束。由此可见，名声实际上是招来祸害的根本，欲望是涣散心志的媒介。这是学习的人不可不用力戒除的。

一四

一念常惺[1]，才避去神弓鬼矢；纤尘[2]不染，方解开地网天罗。

【注释】 ①"一念"句：一念在此指每个念想。惺，清醒。每一念想皆清醒。一说，一念指短促时间，则言任何时候均保持清醒头脑。②纤尘：最微小的埃粒。

【译文】 每一个念头都要清醒，才能够避开那使人根本意想不到的冷箭；连最微小的尘粒都不要去沾染，才能够解得开天地所布下的罗网而不受惩罚。

一五

一点不忍[1]的念头，是生民生物之根芽；一段不爱[2]的气节，是撑天撑地之柱石。故君子于一虫一蚁不忍伤残；一缕一丝，勿容贪冒[3]。便可为民物[4]立命，为天地立心矣。

【注释】 ①忍：残酷，忍心。西汉贾谊《新书·道术》："恻隐怜人谓之慈，反慈为忍。"不忍，意为慈悲，怜悯。②爱：贪。《宋史·岳飞传》："文臣不爱钱，武臣不惜死，天下平矣。"③贪冒：贪图财利。《左传·成公十二年》："诸侯贪冒，侵欲不忌。"按"冒"有贪义。④民物：一本作“万物”。

【译文】　一点慈悲怜悯的念头，是人民安居万物繁盛的根芽；一段光明磊落的气节，是我们做人顶天立地的柱石。因此有道德的人对于一虫一蚁不忍伤害，对于一缕一丝都不贪图，这样便可以为人民为万物立命，为天地立心了。

一六

拨开世上尘氛[①]，胸中自无火炎冰兢[②]；消却心中鄙吝[③]，眼前时有月到风来[④]。

【注释】　①尘氛：尘俗的氛围。②火炎冰兢：谓强烈的争逐与极度的戒惧。③鄙吝：指心中浅俗、计较得失之念。④月到风来：月白风清，形容幽静美好的夜晚，喻景物美好的境界。

【译文】　拨开世上尘俗的氛围，胸中自然没有了烈火的炎热与冰霜的寒冷；消除心中计较得失的浅俗念头，眼前自然时刻有明月的出现与清风的到来。

一七

穷理尽妙[①]，钩深出重渊[②]之鱼；进道忘劳[③]，致[④]远乘千里之马。

【注释】　①穷理尽妙：穷究玄理，获得全部妙处。②重（chóng）渊：很深的渊潭。③进道忘劳：在事业上奋勇前进能忘却疲劳。④致：到达。

【译文】　穷究玄理能获得它的全部妙处，深钩垂钓能钓出极深渊潭中的大鱼；在事业上奋勇前进能忘却全部疲劳，到达很远的地方要乘坐日行千里的良马。

一八

学者动静殊操[①]，喧寂异趣，还是锻炼未熟，心神[②]混淆故耳。须是操存[③]涵养，定云止水中，有鸢飞鱼跃的景象，风狂雨骤处，有波恬浪静的风光[④]：才见处一化齐[⑤]之妙。

【注释】 ①动，改变原来的位置或状态，与静相对。静，平静、静止，与动相对。殊操：志节操行不同。②心神：心思（主静）与精力（主动）。③操存：操守、志向。④“定云”等句：定云止水、波恬浪静状静态，鸷飞鱼跃、风狂雨骤状动态。⑤才见：一本作“才是”。处一化齐：处理一致，演化同一。言动静相对相成，动中有静，静中有动。

【译文】 学者在动乱之时与静止之时操行不同，在喧闹之时与寂静之时感情意趣相异，这是因为学者在实践中磨炼不够、心思与精力混淆的缘故。必须是操守涵养到：天上稳定的白云中如同有鸟儿在飞，静止不动的水面上好像有鱼儿在跃；风狂雨骤之中如同波恬浪静的风光一般；这样才达到了动静、喧寂如一、等量齐观的高妙境界。

一九

心是一颗明珠，以物欲障蔽之，犹明珠而混以泥沙，其洗涤犹易；以情识[①]衬贴之，犹明珠两饰以银黄[②]，其涤除最难。故学者不患垢病，而患洁病之难治；不畏事障，而畏理碍[③]之难除。

【注释】 ①情识：与上文“物欲”对言，前者言对客观物质欲念追求，此指主观感况与理性认识。②银黄：银和金。《韩非子·解老》：“和氏之璧，不饰以五采；隋侯之珠，不饰以银黄。”③理障：《圆觉经》：“云何二障？一者理障，碍正知见；二者事障，续诸生死。”佛教称阻碍圣道的烦恼叫做障。理障（执于文字而见理不真）与事障（贪心等物欲）都是佛家达到脱离一切烦恼、进入自由无碍境界的涅槃的阻障。

【译文】 人心好比一颗明珠，如果受到物质欲念的遮蔽，就像明珠混上了泥沙，洗涤还是容易的；如果受到感情与理性的衬贴，那就像明珠装点了银和金，洗涤最困难。因为学者不患垢病而患洁病难治，不担心物欲的障蔽，而担心情理障碍难除。

二〇

躯壳的我要看得破，则万有皆空[①]而其心常虚，虚则义理[②]来居；心性[③]的我要认得真，则万理皆备而其心常实，实则物欲不入。

【注释】　①空：佛教指超乎色相现实的境界为空。②义理：旧时指讲求经义，探究名理的学问。③心性：佛教称不变的心体为心性。空宗与性宗认为心与性有别；禅宗则认为二者并无区别。所谓“心性不异，即性即心”、“性即是心，心即是佛”。（黄檗《传心法要》）

【译文】　作为一个有躯壳的我，凡事要看得破，那么世界万物都是空的，我的心地也是虚空的，则经义名理能够来充满其中，作为一个有心性的我，凡事要认得真，那么各种道理都能掌握，而我的思想常是充实的，则物质的欲望不能侵入。

二一

面上扫开十层甲[①]，眉目才无可憎；胸中涤去数斗尘，语言方觉有味。

【注释】　①十层甲：唐进士杨光远多矫饰，不识忌讳，时人多鄙之，皆云“杨光远惭颜厚如十重铁甲”。见五代后周王仁裕《开元天宝遗事·惭颜厚如甲》，后遂以颜甲形容脸皮厚。

【译文】　脸面上只有扫除掉那些矫饰之情，眉目才显得可爱；心胸中只有洗刷掉那些杂念和灰尘，话语才觉得有味。

二二

完得心上之本来[①]，方可言了[②]心；尽得世间之常道[③]，才堪论出世[④]。

【注释】 ①本来：佛教谓无物之始为本来，即无始以来。又可理解为指本来面目。本来面目，佛教指人本有的心情，自己的本分。②了：明白。《晋书·杜预传》上表："臣心实了，不敢以暧昧之见，自取后累。"③常道：寻常的道理。④出世：宗教徒以人间世为俗世，脱离人世的束缚，称出世。

【译文】 只有完全懂得了无物之始为本来的道理，才可以说自己心中已经明白；只有全部懂得了人世间寻常的道理，才能够谈论出世入世的道理。

二三

我果[1]为洪炉大冶，何患顽金钝铁不可陶熔；我果为巨海长江，何患横流污渎[2]不能容纳？

【注释】 ①果：佛教术语，对于因而言，一切之有为法，前后相续，故对于前因而谓后生之法为果。②污渎（dú）：指浅小池沟中的水。

【译文】 我终将成为掌握熔炉铸造铁器的工人，还担心有什么顽金钝铁不能陶铸熔化？我终将成为无边的大海长长的江流，还担心有什么小溪小沟之水不能容纳得下？

二四

白日欺人，难逃清夜之愧赧[1]；红颜[2]失志，空贻皓首之悲伤。

【注释】 ①愧赧（nǎn）：因羞愧而脸红。一本作"鬼报"。②红颜：与下句"皓首"对言，分指少小与老大。

【译文】 白天有欺人之处，难以逃脱夜晚独自时的羞愧脸红；年轻时缺乏志向，留下的后果是头发花白之时无用的悲伤。

二五

以积货财之心积学问，以求功名之念求道德，以爱妻子[1]之心爱父母，以保爵位之策保国家。出此入彼，念虑[2]只差毫末；而超凡入圣，人品且判星渊[3]矣。人胡[4]不猛然转念哉？

【注释】 ①妻子：妻子儿女。②念虑：想法，念头。③判星渊：天地之别。判，分辨。星渊，星在天空，渊，指深潭，借指天地。④胡：为什么。

【译文】 以积累财产的心思来积累学问，以求取功名的愿望来求取道德，以爱护妻子儿女的心思来爱护父母，以保持爵位的计策来保卫国家，从前一个目的到后一个目的，想法只差一丝一毫，然而却是超脱了凡俗之念进入了圣洁的殿堂，人的品格产生了天地的差别。人们为什么不狠下决心转变自己的念头呢？

二六

立百福之基，只在一念慈祥；开万善之门，无如寸心挹损[1]。

【注释】 ①寸心挹（yì）损：自我压抑。寸心，古人谓心为“方寸”，此指思想。挹损，贬抑。

【译文】 建立种种福气的基础，只在于有一个慈祥的念头；开放种种善良的门户，还不如进行自我贬抑。

二七

恣口体[1]，极耳目[2]，与物矍铄[3]，人谓乐而苦莫大焉。隳[4]形骸，泯[5]心智，不与物伍[6]，人谓苦而乐莫至[7]焉。是以乐苦[8]者苦日深，苦乐者乐日化[9]。

【注释】 ①恣：放纵。口体：指吃穿享受。②极耳目：极尽耳目的声色享受。③矍铄（jué shuò）：通常形容人的精神健旺，此作“热中”解。矍，急视貌。铄，光辉鲜明。与物矍铄，谓热中物欲。④隳（huī）：毁坏。⑤泯：泯灭，丧失。⑥不与物伍：断绝物欲。⑦至：最、极。⑧是以：即以是，因此。乐苦，以苦（指放纵物欲）为乐（欢悦）。⑨苦乐：以乐（指断绝物欲）为苦（苦难）。化：生出。

【译文】　放纵自己的吃穿享受，极尽耳目的声色享受，热衷于取得财物的急切欲望，人们都以此为乐，而实际上这是莫大的苦事。毁坏自己的形体，泯灭自己的心智，断绝自己的物质欲望，人们都以此为苦，而实际上这是莫大的乐事。因此，以苦事为乐事的人痛苦会日益加深，以乐事为苦事的人快乐会日日生出。

二八

塞得物欲之路，才堪辟道义之门；弛[①]得尘俗之肩，方可挑圣贤之担。

【注释】　①弛：放松。这里指放下担子。

【译文】　只有堵住了物质欲望的道路，才能开辟道德义理的大门；只有放下尘世俗家的重负，才能挑起圣人贤达的担子。

二九

融得性情上偏私，便是一大学问；消得家庭内嫌隙，便是一大经纶[①]。

【注释】　①经纶：政治才能。理出丝绪叫经，编丝成绳叫纶。用作比喻。

【译文】　融化得人们禀赋气质上的偏激和自私，可以说是做成了一门极大的学问；消除得一个家庭内部成员间的嫌疑和意见，那也算得上是具备了极大的政治才能。

三〇

功夫自难处做去，如逆风鼓棹[①]，才是一段真精神；学问自苦中得来，似披沙获金，才是一个真消息。

【注释】　①棹（zhào）：桨。

【译文】 练功夫自难处做去，是好比逆水行舟，这才是真正称得上有精神；学问从勤苦中得来，好比是沙中淘金，这才是得到了真有价值的关键。

三一

执拗[①]者福轻，而圆融之人其禄必厚[②]；操切者[③]寿夭，而宽厚之士其年必长。故君子不言命，养性即所以立命；亦不言天，尽人自可以回天[④]。

【注释】 ①执拗（niù）：固执任性，不听人言。②圆融：佛学术语，指破除偏执，完满融通。禄：福。古乐府《孔雀东南飞》："儿已薄禄相，幸复得此妇。"③切：严厉。又有急迫之义。④命：旧指吉凶祸福，寿夭贵贱等命运，即人对之无可奈何的某种必然性。《论语·颜渊》："死生有命，富贵在天。"天：指天帝，人们头脑想象中的万事万物的主宰者。

【译文】 固执任性、不听人言的人福气一定浅薄，而能破除偏执、完满融通的人福气一定厚实；品操严厉急切的人寿命一定短促，而宽容忠厚的人寿命一定很长。所以君子不讲命运——修身养性就是立命；也不讲天意——竭尽人事自可有回天之力。

三二

才智英敏者，宜以学问摄[①]其躁；气节激暴者，当以德性融其偏。

【注释】 ①摄：控制。

【译文】 对于才能和智慧杰出聪敏的人，应当用学问去控制他们的急躁；对于志气和节操激动昂扬的人，应当用道德和品行去融化他们的偏颇。

三三

云烟影里现真身，始悟形骸为桎梏；禽鸟声中闻自性，方知情识是戈矛。

【译文】 在云气和烟雾的影子里看到了真实的自身，开始觉悟到形体骨骼是束缚自己的刑具；在禽鸟的鸣叫声中听到了自己心性的真实声音，这才知道人的情感见识全是杀伐心性盼戈矛。

三四

人欲从初起处翦除，便似新刍[①]遽斩，其工夫极易；天理自乍明时充拓[②]，便如尘镜复磨，其光彩更新。

【注释】 ①刍（chú）：草。②天理：天性。《礼记·乐记》："好恶无节于内，知诱于外，不能反躬，天理灭矣。夫物之惑人无穷，……灭天理而穷人欲也。"疏："理，性也，是天之所生本性灭绝矣。"充拓：充实扩展。

【译文】 人的欲望假如从初起之时便行剪除，便好像草刚长出来就被斩掉，其功夫是极其容易的；人的天性从刚开始之时便充实扩展，便如同沾染了灰尘的镜子被拭擦干净，其光彩更加显得新亮。

三五

一勺水，便具四海水味，世法[①]不必尽尝；千江月，总是一轮月光，心珠[②]宜当独朗。

【注释】 ①世法：佛教称人世间一切生灭无常的事情为世法。②心珠：佛教称纯洁的心地为心珠。谓如玉珠之晶莹。

【译文】 一勺水中，便具备四海之水的味道，人世间的一切事情不必全部尝遍，千江之月，无论何处总是一轮月光，人心之珠应该晶莹明亮。

三六

得意处论地谈天，俱是水底捞月[①]；拂意[②]时吞冰啮雪，才为火内栽莲[3]。

【注释】　①水底捞月，比喻空虚幻想，不能实现。“水月”一词，佛教譬喻语，水中之月，譬喻诸法之无实体，大乘十喻之一。《智度论》六曰：“解了诸法，如幻如焰，如水中月，……如镜中像，如花。”②拂意：违背意愿、失意。③火内栽莲：喻稀有难得。《维摩诘经·佛道品》：“火中生莲花，是可谓稀有，在欲而行禅，稀有亦如是。”

【译文】　人生得意之时谈天说地，这好比是水中捞月，一切都是空虚的；人生失意之时吞冰吃雪，这才真是火中栽莲花，稀有而难得。

三七

事理因人言而悟者，有悟还有迷，总不如自悟之了了[1]；意兴[2]从外境而得者，有得还有失，总不如自得之休休[3]。

【注释】　①了了：明白。②意兴：意趣，兴致。③休休：《古文苑十八侯铭》：“休休将军，如虎如罴。”注：“休休，乐易貌。”

【译文】　事情的道理如果是因为听了别人的讲解才觉悟的，定是有些地方已经明白有些地方还显得迷惘，总不如经过自己头脑思考而觉悟的来得明明白白；意趣和兴致如果是因为外界的景物引发的，定是有些时候感到高兴有些时候不感到高兴，总不如完全由自己内心产生的来得欢欢乐乐。

三八

事之同处即为性，舍情则性不可见，欲[1]之公处即为理，舍欲则理不可明。故君子不能灭情，惟事平情而已；不能绝欲，惟期寡欲而已。

【注释】　①欲：欲望，欲念。《礼记·典礼上》：“欲不可纵。”

【译文】　人的感情有相同之处，这相同之处就叫做性，就是人性，假如抛弃感情那么人性也就没有了；人的欲念有相同之处，这相同之处就叫做理，就是理念，假如抛弃欲念，那么理念也就不可明白。因此君子不能消灭人的感情，只能做平息人的感情的工作；不能灭绝人的欲念，只有希望减少人的欲念而已。

三九

言行相顾，心迹相符，终始不二，幽明无间。易世俗所难[①]，缓时流[②]之急，置身于千古圣贤之列，不屑为随波逐浪[③]之人。

【注释】 ①“易世”句：即以世俗所难为易。②时流，指时人，即社会上的一般人。③随波逐浪：比喻没有坚定的立场或正确的主见，只是听任事势所趋，跟着别人走。

【译文】 所讲的话和所做的事要对得起来，心中所想的与所采取的行动要互相符合，从开始到结束都要保持一致，并在人前与人后没有区别，以世俗所难之事为容易，以大家所急之事为缓慢，把自己置身于千古圣人贤人的行列，不做那随波逐浪的人。

四〇

欲遇变无仓忙，须向常时念念守得定；欲临死而无贪恋，须向生时事事看得轻。

【译文】 如果要想在遇到变故之时不显得仓忙失态，那么必须在平常之时每一个念头都要坚守得住；如果要想在临死之时对世事无所贪恋，那么必须在平常活着之时对任何事情都看得轻些。

四一

尘许旃檀[①]彻底香，勿以微善而起略退之念；毫端鸩[②]血同体毒，莫以细恶而萌无伤[③]之芽。

【注释】 ①尘许：尘粒大小，极言其小。许，表约略估计的词。旃(zhān)檀：香木。《观佛三昧海经》：“牛头旃檀虽生此林，未成就故，不能发香；仲秋月满，卒从地出，成旃檀树，众人皆闻牛头旃檀之香。”

②毫端：毫毛梢端，亦极言其小。鸩（zhèn）：传说中的一种有毒的鸟。③无伤，没有什么害处。

【译文】 像尘粒那样大小的檀木全身都是香气，不要以为善事微小而引起忽略、退却的念头；像毫毛梢端那样大小的鸩鸟之血全部都是毒素，不要因为恶端细小而萌发没有什么害处的想法。

四二

一念过差[①]，足丧生平之善；终身检饬[②]，难盖一事之愆[③]。

【注释】 ①过差：差错。②检饬（chì）：此指自我约束，持身谨慎。③愆（qiān）：罪过，过失。

【译文】 一个念头的差错，足以把平生所做的好事都丧失掉；一辈子的自我约束，难以掩盖一件错事的罪过和失误。

四三

从五更枕席上参勘心体[①]，气未动，情未萌，才见本来面目[②]；向三时饮食中谙练世味[③]，浓不欣，淡不厌，方为切实工夫。

【注释】 ①参（cān）勘心体：对自己的思想行为进行勘辩反省（佛教称对一机一境深浅，邪正的省辩）。②本来面目：佛教指人本有的心性，自己的本分。《景德传灯录·袁州蒙山道明禅师》："不思善，不思恶，正恁么时，阿那个是明上座本来面目。"③三时：指每日晨朝、日中、黄昏。谙（ān）练：通过品察体味而熟悉。

【译文】 在五更醒来时对自己的思想行为进行勘辩反省，这个时候气尚未动，情尚未萌，能够见得出人本有的心性；在三餐吃饭时通过品察体味来熟悉世上办事的滋味，浓时不喜，淡时不厌，这才是切切实实的功夫。

应　酬[1]

【注释】　应酬：交际往来，应付世间人事。宋陆游《剑南诗稿》二三《晚秋农家》：“老来万事懒，不独废应酬。”

四四

操存要有真宰[1]，无真宰则遇事便倒，何以植顶天立地之砥柱；应用要有圆机[2]，无圆机则触物有碍，何以成旋乾转坤之经纶[3]？

【注释】　①操存：操守、志向。真宰：造化万物的宇宙主宰。此处指心的主宰。②应用：这里指对待具体事物，在生活中包括具体的环境。圆机：佛教术语，圆顿的机根，《法华玄义》六：“圆机圆应。”③经纶：整理过的蚕丝，比喻政治规划。

【译文】　人的操守志向要有真正的主宰，没有主宰，那么遇到事情就会没有主见，怎么能够培植顶天立地的砥柱？对待具体的人事要能灵活机动，不灵活机动，那么碰到具体问题就有妨碍，怎么能够使旋转乾坤的政治规划成功？

四五

士君子之涉世，于人不可轻为喜怒，喜怒轻则心腹肝胆皆为人所窥，于物不可重为爱憎，爱憎重则意气精神悉为物所制。

【译文】 士君子经历世事，在别人面前不可以轻易表示喜怒，轻为喜怒的结果是自己的心、腹、肝、胆都被别人看透；对于器物则不可以爱憎太甚，爱憎过重的结果是自己的意气精神全部都要被器物所制约了。

四六

倚高才而玩世①，背后须防射影之虫②；饰厚貌以欺人，面前恐有照胆之镜③。

【注释】 ①倚：仗恃。玩世：轻蔑世事，对社会人生抱着不严肃的放纵态度。②射影之虫：射影虫名蜮，传说它居水中，闻人声则以气为矢，因激水含沙以射人，中者皮肤生疮，中影者亦病。③照胆之镜：传说汉高祖初入咸阳宫，见方镜广四尺，能照见人胃肠五脏，知病之所在。女子有邪心，照后胆张心动。

【译文】 仗恃才能高强而轻蔑世事，背后必须提防会含沙射影的鬼蜮；装出忠厚老实的样子而欺骗世人，面前恐怕有能照见肝胆五脏的镜子。

四七

心体澄彻①，常在明镜止水②之中，则天下自无可厌之事；意气和平，常在丽日光风③之内，则天下自无可恶之人。

【注释】 ①澄彻：水清见底，清澈。②止水：静止不流的水。止水澄清，可以照影。明镜止水，喻心境宁静，胸怀纯洁。③意气：意态气概。丽日光风：犹风和日丽。喻胸襟开朗，心地坦率。

【译文】 人的思想开朗通达，心境宁静，胸怀纯洁，那么自然觉得天底下没有什么可以讨厌的事情，意态气概和顺平易，胸襟开朗，心地坦率，那么自然觉得天底下没有什么可以讨厌的人了。

四八

当是非邪难之交，不可少迁就，少迁就则失从违[①]之正；值利害得失之会[②]，不可太分明，太分明则起趋避[③]之私。

【注释】 ①从违：此指从是与正，背非与邪。②会：际会，场合。③趋避：趋赴获取或走离回避。

【译文】 在是与非、邪与正交战的时刻，思想上不可以稍微退让，如果稍微退让就会失去是与正的正确立场，而滑到非与邪的错误立场上去；在利与害、得与失相遇的时刻，观念上不可以太为分明，如果太为分明，就会引起趋利避害的私心杂念。

四九

苍蝇附骥[①]，捷则捷矣，难辞[②]处后之羞；萝茑依松[③]，高则高矣，未免仰攀之耻。所以君子宁以风霜自挟[④]，毋为鱼鸟亲人[⑤]。

【注释】 ①苍蝇附骥：《史记·伯夷传》："伯夷、叔齐虽贤，得夫子而名益彰；颜渊虽笃学，附骥尾而行益显。"司马贞《索隐》："苍蝇附骥尾而致千里，以譬颜回因孔子而名彰也。"骥，千里马。②辞：推卸。③萝茑（niǎo）依松：《诗·小雅》："茑与女萝，施于松柏。"萝茑即茑萝，草名，茎细长，卷络于他物上升，观赏植物。④风霜：喻气节操守高洁。自挟：自持，克制自己，保持操守。⑤鱼鸟亲人：鱼鸟以其斑斓鳞彩、悦耳鸣啭供人娱逸赏玩。喻无节操仰附于人者。

【译文】 苍蝇附在千里马上，速度是够快了，可是难以推卸处在尾巴的羞耻；萝茑草用细长的茎须卷络着松柏上升，高是够高了，但是未免要蒙受仰攀的耻辱。因此君子宁可在冷风霜雪之中保持自己高尚的节操，也不要做那鱼儿鸟儿以其斑斓鳞彩、悦耳鸣啭供人娱逸赏玩。

五〇

好丑心太明、则物不契[①]；贤愚心太明，则人不亲。士君子须是内精明而外浑厚，使好丑两得其平，贤愚共受其益，才是生成的德量。

【注释】 ①契：投合。

【译文】 喜欢与厌恶的态度太明显了，那么各种人物与你不会太为投合；才能的高低强弱分得太清楚了，那么各种人物与你不会太为亲热。君子必须是内心精明而外表浑厚，使得你所喜欢与厌恶的人心中都能得到平衡，才能高强和低弱的人都能得到好处，这才是天生而成的无穷的德量。

五一

伺察[①]以为明者，常因明而生暗，故君子以恬养智[②]；奋迅以为速者，多因速而致迟，故君子以重持轻[③]。

【注释】 ①伺察：窥伺、探察。②以恬养智：用恬淡来涵养智慧。③以重持轻：用对待重大事情的态度来把握轻微的事情。

【译文】 以为暗中窥伺所看到的光线就是光明的人，常常因为这样的光明而进入了黑暗之中，因此君子要用恬淡来涵养自己的智慧；以为一下子的奋起迅飞就是速度很快的人，大多因为这样太快反而落在别人的后面，因此君子要用稳重的态度来处理一些轻微的事情。

五二

士君子济人利物，宜居其实不宜居其名，居其名则德损；士大夫忧国为民，当有其心不当有其语，有其语则毁[①]来。

【注释】 ①毁：诽谤。

【译文】 士君子帮助别人，应该有实际行动而不图名誉，图名誉则德操受到损害，士大夫忧国为民，应当真正在心里担忧而不是只挂在口头上，只挂在口头上而心中毫不担忧就会招致朝野的一致批评。

五三

平居息欲调身[①]，临大节[②]则达生委命[③]；齐[④]家量入为出，徇太义则芥视千金[⑤]。

【注释】 ①平居：平日居家度日。犹言平时、平素。息欲调身：止息欲念，调养身体。②节：气节、节操。大节：关于存亡安危的大事。《论语·泰伯》："临大节而不可夺也。"后谓临难不苟的节操为大节。③达生：《庄子·达生》注："生之所无以为者，分外物也。"后以达生为不受世务牵累之意。委命：寄托生命，寓意赴死、牺牲生命。④齐：整治。《礼记·大学》："欲治其国者，先齐其家。"⑤徇：即殉，谓有所为而作牺牲。芥视千金：视千金如芥，极言轻财。芥：小草。

【译文】 平日居家度日要止息欲念调养身体，面临存亡安危的大事时则要不受世务牵累，勇于牺牲生命；整治家庭财务要先计算收入再决定支出，需要为大义作出牺牲时则要视千金如小草，毫不吝啬。

五四

遇大事矜持[①]者，小事必纵弛[②]；处明庭检饰[③]者，暗室必放逸。君子只是一个念头持到底，自然临小事如临大敌，坐密室若坐通衢[④]。

【注释】 ①矜持：庄重、拘谨，这里含有做作、不自然的意思。②纵弛：放纵、弛缓、随便。③检饰：此处是增加人物形貌华美的意思。检：约束、制止。饰：装饰。④通衢（qú）：交通大道。

【译文】 对待大事情拘谨做作的人，对待小事情一定放纵随便，在公共场所能装饰、约束自己的人，在没有人的地方一定放任自由。君子心中有一个目标要坚持到底，自然能够对待小事情也如同遇到强大的敌人，坐在没有人的地方也像坐在交通大道上一样。

五五

使人有面前之誉[①]，不若使其无背后之毁[②]；使人有乍交之欢[③]；不若使其无久处之厌。

【注释】 ①誉：赞美。《论语·卫灵公》："谁誉谁毁。"②毁：诽谤，讲别人的坏话。③乍：初、刚。

【译文】 与其让一个人当面受到别人的称赞，还不如让他不要在背后受到别人的攻击；与其让人在初次接触时感到欢喜与快乐，还不如让人没有长期相处的厌烦。

五六

善启迪人心者[①]，当因其所明而渐通之，毋强开其所闭；善移易风化者[②]，当因其所易而渐反之，毋轻矫[③]其所难。

【注释】 ①启迪：开导，启发。②风化：风俗教化。《汉书·韩延寿传》："至令民有骨肉争讼，既伤风化，重使贤长吏、啬夫、三老、孝弟受其耻。"③矫（jiǎo）：改正。

【译文】 善于启发人思想的人，应当根据受教育者智力开发的程度来逐渐加以疏导，不要强行要求他接受他不懂的东西；善于改变风俗教化的人，应当从人们容易做的地方着手而逐渐加以引导，不要一下子去矫正那些最难改造的习气。

五七

彩笔描空，笔不落色而空亦不受染；利刀割水，刀不损锷面水亦不留痕。得此意以持身涉世[①]，感与应[②]俱适，心与境两忘矣[③]。

【注释】 ①持身涉世：立身处世。②感与应：佛教称众生以其精诚感动神明谓之感，神明应之谓之应。③心：佛教术语，梵文 citta 的意译，音译“质多”、“质多耶”、“质帝”。作为一切精神现象的总称，泛指一切精神现象，如“三界唯心”、“一心三观”等，此与“识”、“意”等概念相同。《俱舍论》卷四：“心、意、识体一。”一切属“心”之现象，称为“心法”。境：佛教术语，心之所游履攀援者谓之境，如色为眼识所游履谓之色境；乃至法为意识所游履谓之法境。

【译文】 拿彩色的笔在空中描画，笔不会留下颜色而空间也不会受到污染；用锋利的刀来割断水流，刀不会损伤锋刃，而水也不会留下痕迹。领会了这一层意思来立身处世，“感”与“应”两者皆能适应，“心”与“境”的界限就能消除了。

五八

长袖善舞，多钱能贾[①]，漫炫[②]附魂之伎俩；孤槎济川[③]，只骑[④]解围，才是出格之奇伟。

【注释】 ①“长袖”二句：喻事有凭藉则易为功。《韩非子·五蠹》：“鄙谚曰：‘长袖善舞，多钱善贾。’此言多资之易为工也。”②炫（xuàn）：夸耀，卖弄。③孤槎（chá）：独筏。济川：渡河。④只骑：匹马单枪。

【译文】 长长的衣袖善于舞蹈，多多的钱财便于经商，这些就是有些人炫耀的有凭藉易于获得成功的资本；单独的一只木筏渡过了大河，单枪匹马解掉了重重包围，这些才是超出寻常的奇功伟绩。

五九

己之情欲不可纵，当用逆之之法以制之，其道只在一“忍”[①]字；人之情欲不可拂[②]，当用顺之之法以调之，其道只在一“恕”字[③]。今人皆恕以适己，而忍以制人，毋乃[④]不可乎？

【注释】 ①忍：抑制。②拂：抑制，违背。③恕：宽宥、原谅。④毋乃：不是。表示推测或反问，常与疑问语气词相呼应。

【译文】　自己的感情与欲望不可放纵，应当采用违逆的方法不制止它，这个方法的核心是一个“忍”字；别人的感情与欲望不可抑止，应当采用顺从的方法来调节它，这个方法的核心是一个“恕”字。而现在的人皆以一个“恕”字来对待自己，而以“忍”字来要求别人，这难道不是不可以的吗？

六〇

好察非明，能察能不察之谓明；必胜非勇，能胜能不胜之谓勇。

【译文】　一味喜欢审察的人不是真正的贤明，能够审察也能够不审察的人才称得上是真正的贤明；一定要胜利的人不是真正的勇敢，能够胜利也能够不胜利的人才称得上是真正的勇敢。

六一

随时之内善救时[①]，着和风之消酷暑；混俗[②]之中能脱俗，似淡月之映轻云。

【注释】　①随时：顺应社会潮流。救时：补救时弊。②混俗：混同世俗。

【译文】　在顺应社会潮流的同时善于补救时弊，好像微风消除了酷暑的炎热；跟世上生活风气相同而又能超脱俗气，好像淡淡的月亮映照着轻轻移动的云彩。

六二

思入世而有为者，须先领得世外风光[①]，否则无以脱垢浊之尘缘[②]；思出世而无染者，须先谙[③]尽世中滋味，否则无以持空寂之苦趣。

【注释】 ①世：佛教术语。世俗、人世。风光：风景、景象。②垢：粘着在物质上的肮脏东西，引申为邪恶。尘缘：佛教名称，佛经中把色、声、香、味、触、法称作“六尘”，以心攀援六尘，遂被六尘牵累，故名。③谙：熟悉、熟记。

【译文】 要想进入世俗社会有所作为的人，必须先领略一些世俗社会之外的生活风光，否则不能摆脱邪恶的尘缘，要想离开世俗社会而无所沾染的人，必须先熟悉一些世俗社会之中的生活滋味，否则没有恒心能坚守空寂生活的苦趣。

六三

与人[①]者与其易疏于终，不若难亲于始；御事[②]者与其巧持于后，不若拙守于前。

【注释】 ①与人：和人结交。②御事：治理事情。

【译文】 跟人结交，与其在最后很轻易地分手，还不如在一开始就不要轻易接近；治理事情，与其事后巧为周旋勉强维持，还不如事前明明白白地拒绝。

六四

酷烈之祸，多起于玩忽之人；盛满之功，常败于细微之事。故语云：“人人道好，须防一人着恼；事事有功，须防一事不终。”

【译文】 极其惨痛的祸事，大多起因于不严肃不认真办事的人；极其圆满的功劳，经常失败于一些极其细小本不足道的事情。因此谚语说：“人人都说好，必须提防一人着恼；事事有功劳，必须提防一件事情没有结果。”

六五

不虞之誉[①]不必喜，求全之毁[②]何须辞？自反[③]有愧，则无怨于他人；自反无愆[4]，更何嫌乎众口？

【注释】 ①不虞之誉：意外的赞扬。与下句“求全之毁”皆出自《孟子·离娄》：“有不虞之誉，有求全之毁。”②求全之毁：《孟子·离娄》朱熹注：“求免于毁而反致毁（招来诋毁），是为求全之毁。”后多用做求全责备意。③自反：反求诸己，即反躬自问。④愆：过错、罪过。

【译文】 意外的赞扬不必欢喜，求全的责备有什么可值得应对？反躬自问，如自己心中有愧，那么不要埋怨别人；如自己没有过错，又有什么可怨恨众人之口呢？

六六

功名富贵，直从灭处观究竟，则贪恋自轻；横逆[1]困穷，直从起处究由来，则怨尤[2]自息。

【注释】 ①横逆：强暴无理的举动。《孟子·离娄下》：“有人于此，其待我以横逆，则君子必自反也。”②怨尤：怨恨、责怪、埋怨。《论语·宪问》：“不怨天，不尤人，下学而上达。”

【译文】 如何看待功名富贵？如果从功名富贵消失的时候来看它的始末，那么贪恋功名富贵的心思自然会变得轻淡些；如何对待横逆困穷？如果从横逆困穷产生的时候来看它的起因，那么怨恨、责怪的想法自然会平息了。

六七

宇宙内事，要力担当，又要善摆脱。不担当则无经世之事业；不摆脱则无出世之襟期[1]。

【注释】 ①襟期：情怀、抱负。

【译文】 世界上的事情，既要能尽力担当，又要能善于摆脱。不尽力担当就不会有能在世界上立足的事业，不善于摆脱则没有出世的情怀。

六八

待人而留有余不尽之恩礼，则可以维系无厌[1]之人心；御事而留有余不尽之才智，则可以提防不测之事变。

【注释】 ①厌：满足。

【译文】 处理人的关系，要给人以还不完的恩惠礼遇，这样就可以维持无法满足的人心要求；处理事情，要给自己留下一些没有用完的聪明才智，这样就可以提防无法预料的变化。

六九

了心自了事[1]，犹根拔而草不生；逃世不逃名，似膻存而蚋仍集[2]。

【注释】 ①了：了结。②膻（shān）：羊臊气。蚋（ruì）：体形如同苍蝇的一种昆虫，吸人及牛羊等动物的血。

【译文】 了结心愿要从了结事情开始，这样就像根子拔掉了杂草不会再生一样；逃离这个世界但舍不得丢掉名声，这样就跟腥气存在苍蝇仍然要来一样。

七〇

仇边之弩易避，而恩里之戈难防；苦时之坎[1]易逃，而乐处之阱[2]难脱。

【注释】 ①坎：地面低陷的地方。《易·说卦》：“坎，陷也。”②阱：陷阱。

【译文】 从仇人那里射来的弩箭容易躲避，可是从恩人那里来的戈戟难以提防；艰苦之时的坎坷容易度过，而乐逸之时的陷阱难以逃脱。

七一

拖泥带水[①]之累，病根在一“恋”字，随方逐圆[②]之妙，便宜在一“耐”字。

【注释】 ①拖泥带水：喻不干脆利落。②随方逐圆：顺随方的，追求圆的。喻和顺忍让，可兼蓄并包。

【译文】 处理事情拖泥带水不干净利落，病根在于一个“恋”字；一个人能随着外界条件的变化而随时适应，妙处就在一个“耐”字。

七二

膻秽则蝇蚋丛嘬[①]；芳馨则蜂蝶交侵。故君子不作垢业亦不立芳名，只是元气浑然[②]，圭角不露[③]，便是持身涉世一安乐窝也。

【注释】 ①嘬（chuài）：吃。②元气：精神、元气。《旧唐书·柳公绰传》：“公度善摄生，……或祈其术，曰：‘吾初无术，但未尝以元气佐喜怒、气海尝温耳。’”③圭（guī）角不露：圭，古代帝王、诸侯举行隆重仪式时所用的玉制礼器，上尖下方。圭角，圭的棱角，犹言锋芒。人处事沉着有涵养称为圭角不露。

【译文】 羊牛的腥臊会招致苍蝇、蚋虫的叮咬；花儿的芳香会引来蜜蜂、蝴蝶的侵扰。因此君子不作污垢之业也不建立好的名声，只是保持一团和气，锋芒不露，这便是持身经世、享受安乐的一种好方法。

七三

从静中观物动，向闲处看人忙，才得超尘脱俗的趣味；遇忙处会偷闲，处闹中能取静，便是安身立命的工夫。

【译文】 在安静之中观看世上万物的运动，在安闲之时看待别人的忙碌，这样才能得到超脱世间尘俗的趣味；碰到忙碌之时要学会休息，在热闹之中要能自我安静，这样才算是掌握了安身立命的功夫。

七四

邀[①]千百人之欢，不如释[②]一人之怨；希[③]千百事之荣，不如免一事之丑。

【注释】 ①邀：希求。②释：消除。③希：企求。

【译文】 希求得到许多人对你的欢喜，还不如消除掉一个人对你的怨恨；企求得到许多事情的荣耀，还不如免去一件丢丑的事情。

七五

落落[①]者难合亦难分，欣欣[②]者易亲亦易散。是以君子宁以刚方见惮[③]，毋以媚悦取容[④]。

【注释】 ①落落：孤独的样子。《后汉书·耿弇传》："帝谓弇曰：'将军前在南阳建此大策，常以为落落难合，有志者事竟成也。'"②欣欣：和悦的样子。《楚辞·九歌·东皇太一》："君欣欣兮乐康。"五臣注："欣欣，和悦貌。"③刚方：刚直方正。见惮：被人怕。④取容：曲从讨好，取悦于人。

【译文】 高超不凡并且性格孤独的人难以接近，但接受之后也难以分开，态度和悦可亲平易近人的人容易接交，但也容易拆散。因此君子宁可因为刚直方正而令人生畏，也不要曲从讨好，取悦于人。

七六

意气与天下相期[①]，如春风之鼓畅庶类[②]，不宜存半点隔阂之形；肝胆与天下相照，似秋月之洞彻群品[③]，不可作一毫暧昧之状。

【注释】 ①期：约，会。②庶类：众多的物类，犹言万物。③品：事物的种类。在此指代事物，群品与上文庶类同义。

【译文】 意态、气概与天下之人相会，就像春风吹遍众多的物类，不应该存有半点隔阂；真诚的心意与天下之人相照，就像秋天的月光照亮世上的万物，不可以存有一点模糊。

七七

仕途虽赫奕[①]，常思林下[②]的风味，则权势之念自轻，世途虽纷华[③]，常思泉下[④]的光景，则利欲之心自淡。

【注释】 ①仕途：做官的途径。又指官场。赫奕：显耀盛大的样子。归有光《送吴纯甫先生会试序》："冠带褎然，舆马赫奕，自喻得意。"②林下：树林之下为幽静之处，指退隐之所。③纷华：繁华盛丽。④泉下：黄泉之下，指人死后埋葬的墓穴。旧时迷信也指阴间。

【译文】 官场虽然是显耀盛大的，然而经常想想不做官时的情景，那么贪图权势的念头自然会减轻些；人生的世界虽然繁华盛丽，但经常想想人死之后的情景，那么追求利益的欲望自然会平淡些。

七八

鸿未至，先援[①]弓；兔已亡多[②]，再呼矢，总非当机[③]作用。风息时，休起浪；岸到处，便离船，才是了手[④]工夫。

【注释】 ①援：拉。②亡：逃走。③当机：佛教称佛所说法，恰与众生的根机相契合而使他们得益，叫做当机。④了手：佛教称明心见性为了悟。手，指专精一艺专司某业者。此指了悟最彻者。

【译文】 鸿雁还没有来到，就先拉弓；兔子已经逃走了，再叫取箭：这些都是没有抓住机会的表现。风儿平息的时候，不要掀起浪潮；岸边到了的时候，马上就离船：这才是了悟最彻之人的功夫。

七九

从热闹[①]场中出几句清冷言语，便扫除无限杀机[②]；向寒微路上用一点赤热心肠[③]，自培植许多生意[④]。

【注释】 ①热闹：喧闹，即“热恼”，佛教术语，指逼于剧苦而身热心恼。《法华经·信解品》曰：“以三苦故，于生死中受诸热恼。”②杀机：杀伐的念头。③寒微：微贱。《周书·叱罗协传》：“少寒微，尝为州小吏。”④生意：生机，生命力。

【译文】 在大家头脑发热的情况下讲几句使人冷静的话语，能够消除许多杀伐的念头；在人们贫寒微贱的时候用火热的心胸给予一些帮助，能够点燃许多生命的火花。

八〇

师古不师今，舍举世[①]共趋之辙；依法不依人，遵时豪[②]耻问之途。

【注释】 ①举世：全社会。共趋之辙：人们共同趋赴的道路。②时豪：当时的豪杰，即俊杰之士。“识时务者为俊杰也。”

【译文】 效法古人而不效法今人，舍弃全社会世俗之人共同趋赴的道路；依照法律而不依照执政者的吩咐，走那所谓识时务的人所不屑一顾的道路。

八一

随缘便是遣缘[①]，似舞蝶与飞花共适；顺事自然无事，若满月偕盂水同圆[②]。

【注释】 ①随缘：外界事物给自身以感触谓之缘，顺应其缘而行动谓之随缘。遣缘：先外界的感受进行排遣。②盂水同圆：谓水之性因不同的盛器而成不同的外形。《荀子·君道》："君者槃也，槃圆而水圆，君者盂也，盂方而水方。"此言盂水与满月同圆。

【译文】 顺应外界给我的感触便是排遣给我的感触，这就像飞舞的蝴蝶与开放的花朵共同都能适应；顺从事情的发展规律自然不会有什么事情，这就像十五的月亮与装在盂里的水一样都是圆的。

八二

淡泊之守，必从浓艳场中试来；镇定之操，还向纷纭境上勘[①]过。不然，操持未定，应用未圆，恐一临机登坛，而上品禅师又成一下品俗士矣。

【注释】 ①纷纭：瞀乱、杂乱、扰乱。袁宏《三国名臣序赞》："六合纷纭。"勘：核对。

【译文】 淡泊的操守，必须经过浓艳场所的考验；镇定的品德，还要经过杂乱之境的核对。如不这样，品德操守尚未稳定，处理世事不能圆通，只怕一遇到时机登上讲坛，即使是上品的禅师也会变成一个下等的世俗之人了。

八三

求见知[①]于人世易，求真知于自己难；求粉饰[②]于耳目易，求无愧于隐微[③]难。

【注释】 ①见知：被了解。②粉饰：打扮、装饰。耳目：指一般人的视听。③隐微：人所难见之幽隐、细微处。

【译文】 求被世人了解是容易的，求真正被自己所了解就困难了；求涂抹事情的表面现象掩盖众人的耳目是容易的，但别人所难见到的隐微之处，自己也问心无愧就很难了。

八四

廉[①]所以戒贪，我果[②]不贪，又何必标一廉名以来贪夫之侧目[③]？让[④]所以戒争，我果不争，又何必立一让的[⑤]以致暴客之弯弓。

【注释】 ①廉：廉洁。戒：防备。贪：爱财。《史记·伯夷列传》："贪夫徇财。"②果：果真，诚然。③标：表识、记号。来：同"徕"，招致。侧目：怒恨的样子。④让：退让、谦让、辞让。争：争辩、争执、争斗。⑤的：射箭的靶子。

【译文】 提倡廉洁的目的是为了防备贪财，我真的不贪财物，又何必标榜"廉洁"以招致贪财之人的怒恨呢？讲求礼让的目的是防备争执，我真的不与人争执，又何必一定要树立一个"礼让"的靶子来招致强暴之人的箭矢？

八五

无事常如有事时提防，才可以弥[①]意外之变；有事常如无事时镇定，方可以消局中[②]之危。

【注释】 ①弥（mí）：止息，消除。②局中：棋局之中，言切身当事者。

【译文】 没有发生变故时要像发生变故时那样提防，才可以止息意外的变化；发生意外的变故时要像没有发生变故时那样镇定，才可以消除当事者的危险。

八六

处世而欲人感恩，便为敛怨[①]之道；遇事而为人除害，即是导利[②]之机。

【注释】 ①敛怨：招致怨恨。②导利：引向顺利。一本作"遵利"。

【译文】 生活在世界上假如希求别人对自己感恩，那便是招致怨恨的因由；遇到事情而帮助别人克服困难，这就是把事业引向顺利的机会。

八七

持身如泰山九鼎[1]，凝然不动，则愆尤[2]自少；应事若流水落花，悠然[3]而逝，则趣味常多。

【注释】 ①九鼎：相传夏禹收九州贡金所铸之鼎，历商至周，都作为传国重器置于国都。②愆尤：错误、过失。③悠然：闲适的样子。

【译文】 立身处世就像泰山和九鼎那样巍然不动，那么错误和过失自然就会减少；应付事情就如流水落花那样很安闲地过去，那么人生的趣味常常会有很多。

八八

口里圣贤，心中戈剑，劝人而不劝己，名为挂榜修行；独慎衾影[1]，阴惜分寸[2]，竞处而复竞时[3]，才是有根学问。

【注释】 ①独慎衾影：儒家讲君子慎独，说要在无人监督情况下保持良好的道德品质。北齐刘昼所著《刘子·慎独》中说："独立不惭影，独寝不愧衾（被子）。"后来用衾影无愧指私生活严肃，无丧德败行之事。②阴惜分寸：极言珍惜时间。臧荣绪《晋书》："陶侃语人曰：'大禹圣人，乃惜寸阴。至于众人，当惜分阴。'"③竞处：处世修养上努力。竞时：惜时建业上争先。

【译文】 嘴巴里讲圣人贤人，心胸里动戈剑刀枪，劝诫别人而不劝诫自己，这种行为可以叫做挂榜修行；即使独处时也保持良好的道德品质，珍惜那一分一秒的时间，在处世修养上努力又在惜时建业上争先，这才是有根基的学问。

八九

君子严如介石[1]，而畏其难亲，鲜不以明珠为怪物而起按剑之心[2]；小人滑如脂膏，而喜其易合，鲜不以毒螫为甘饴而纵染指之欲[3]。

【注释】 ①介石：大石。②“鲜不”句：鲜，少。《史记·邹阳传》：“臣闻明月之珠，夜光之璧，以暗投入于道路，人无不按剑相眄者，何则？无因而至前也。”③毒螫（zhē，或读 shì）：毒虫分泌出的毒汁。饴：糖。染指：《左传·宣公四年》：“楚人献鼋于郑灵公，公子宋（字子公）与子家将见，子公之食指动，以示子家，曰：‘他日我如此，必尝异味。……及食大夫鼋，召子公而弗与也。子公怒，染指于鼎，尝之而出。”本说以手指沾鼎中鼋羹，后用以喻沾取其非所应得之利益。

【译文】 君子严正如同大石，使人怕他而难以亲近，这就像很少有人不以明珠为怪而起按剑的警惕之心；小人狡猾如同油脂，使人欢喜他的易于合作，这就像很少有人不以为毒虫之汁是蜜糖而产生以手指沾一点尝尝的欲望。

九〇

遇事只一味镇定从容，纵纷若乱丝，终当就绪[1]；待人无半毫矫伪欺隐，虽狡如山鬼[2]，亦自献诚。

【注释】 ①就绪：《诗·大雅·常武》：“不留不处，三事就绪。”郑玄笺：“绪，业也。谓三农之事皆就其业。”后称事情安排妥当为就绪。②山鬼：传说中的山神，能知一岁事。又指山精，即山林中的怪兽。

【译文】 遇到事情只要坚持镇定从容，即使事情纷如乱丝，最后一定能安排妥当；对待别人没有半点假情假意欺骗隐瞒，即使对方狡猾如同山鬼，也一定会献上真实的感情。

九一

肝肠煦若春风，虽囊乏一文，还怜茕独[1]；气骨清如秋水，纵家徒四壁[2]，终傲王公[3]。

【注释】 ①茕（qióng）独：孤独无助之人。②家徒四壁：极为贫穷。徒，只有。③傲：傲视，瞧不起。

【译文】 肝肠温暖如同春天之风，即使口袋里一分钱也没有，还怜悯孤独无助的人，气骨清白如同秋天之水，即使家中贫穷得只有四堵墙壁，还是看不起王公贵族。

九二

讨了人事的便宜，必受天道[①]的亏；贪了世味[②]的滋益，必招性分[③]的损。涉世者宜审择之。慎毋贪黄雀而坠深井[④]，舍隋珠而弹飞禽也[⑤]。

【注释】 ①天道：自然的规律。古人认为天道是支配人类命运的天神的意志。②世味：犹言世情，人世的滋味。③性分：天性。《新唐书·李尚隐传》："迁广州都督、五府经略史。及还，人或袖金以赠。尚隐曰：'吾自性分不可易，非畏人知也。'"④贪黄雀而坠深井：《说苑》："吴王欲伐荆，有谏者死，舍人少孺子怀丸操弹于后园，露沾衣。如是三旦。王曰：'子来何沾衣如此？'对曰：'园有榆，上有蝉。蝉高悲鸣饮露，不知螳螂在其后；螳螂知其捕鸣蝉，不知黄雀在其后。臣取弹丸欲取黄雀，不觉露沾衣。'"此为作者进一步延续此故事，谓孺子欲取黄雀，怀丸执弹，仰窥榆枝，不知其脚下正有深井而将坠其中。整个故事言欲嫁祸他人者，不知己亦将被祸。⑤"舍隋珠"句：喻处事轻重失当，得不偿失。《庄子·让王》："今且有人于此，以隋侯之珠（传说中的宝珠，与和氏之璧并称隋和），弹千仞之雀，世必笑之。是何也？则其所用者重，而所要者轻也。"

【译文】 讨了人间事物的便宜，一定会受到天神的惩罚；贪了人世味道的滋益，一定会招致天性的损伤。经历世事的人应该谨慎地对待这些事情，不要贪捉黄雀而落入深井，也不要拿隋侯之珠去弹射飞鸟。

九三

费千金而结纳贤豪，孰若[①]倾半瓢之粟以济饥饿之人？构千

楹[2]而招来宾客，孰若葺数椽之茅以庇孤寒之士[3]？

【注释】 ①孰若：连词性固定词组，表示选择，用于复句后一分句开头。意为“何如”，“哪里比得上”。②千楹：极多的房屋。楹，房屋前厅的立柱，在此借指房屋。葺（qì）：用茅草覆盖房屋，亦泛指修理房屋。③孤寒：家世寒微，无可依恃。《晋书·陶侃传》：“臣少长孤寒，始愿有限。”庇：遮蔽。杜甫《茅屋为秋风所破歌》：“安得广厦千万间，大庇天下寒士俱欢颜。”

【译文】 花费了许多钱财去结交贤士与豪杰，哪里比得上拿出半瓢粮食去救济饥饿的穷人？建造了极多的房屋来招致宾客，哪里比得上盖几间茅房来遮蔽寒微的人士？

九四

解斗者助之以威，则怒气自平；惩贪者济之以欲，则利心反淡。所谓因其势而利导之，亦救时应变一权宜法[1]也。

【注释】 ①权宜法：随事势而采取的适宜办法、变通措施。解斗本当求之以理今反助之以威；惩贪本应劝之以廉，今反助之以欲，皆为变通措施。

【译文】 如果要去解决别人的争斗，有一种办法是不要解劝反而去助长争斗者的威风，那么争斗者的怒气自然会平息下去；如果要惩治贪财者的欲望，有一种办法是不去惩治反而去满足贪财者的欲望，那么贪财者的贪利之心反而会平淡下去。这就是平常所说的顺着事情的发展趋势来加以引导，也是拯救时局应付变化的一种权宜的变通措施。

九五

市恩[1]不如报德之为厚；雪忿不若忍耻之为高；要誉[2]不如逃名之为适；矫情不若直节之为真[3]。

【注释】 ①市恩：施恩惠以换取他人的好感。②要（yāo）誉：求取名誉。③矫情：掩饰真情。直节：正直的操守。真：真实、真诚与伪、假相对。

【译文】 施人恩惠以换取他人的好感，不如报答别人对自己的恩德来得淳厚；洗雪自己心中的愤怒，不如忍受别人给自己的耻辱来得清高，欲要求取名誉，不如逃避名誉来得恬适；矫揉做作掩饰真情，不如保持正直的操守来得率真。

九六

救既败之事者[①]，如驭临崖之马，休轻策一鞭；图垂成[②]之功者，如挽[③]上滩之舟，莫少停一棹。

【注释】 ①既：食尽曰既。《春秋·桓公三年》："日有食之，既。"引申为用尽、完尽。这里是已经、已然的意思。②垂成：即将成功。③挽：同腕。此处用作动词，手腕用力摇桨之意。

【译文】 挽救已经失败了的事情，好像驾驭着一匹已经到了悬崖边上的马，千万不要轻易地加上一鞭；谋取即将成功的胜利，好像划着逆水前进的船，千万不要松劲停一桨。

九七

先达笑弹冠[①]，休向侯门轻曳裾[②]，相知犹按剑[③]，莫从世路[④]暗投珠。

【注释】 ①"先达"、"相知"句：出自唐王维《酌酒与裴迪》诗："酌酒与君君自宽，人情翻覆似波澜。白首相知犹按剑，朱门先达笑弹冠。"先达，有德行学问而先发迹成功的人。弹冠，即弹冠而仕，掸掉帽上的灰尘，修饰好衣装，隆重而愉快地准备去当官。结合下文说明择仕途亟宜审慎。②曳裾（yè jū）：《汉书·邹阳传》上吴王书："今臣尽智毕议，易精极虑，则无国不可奸；饰固陋之心，则何王之门不可曳长裾乎?"曳，牵引。裾，外衣大襟。曳裾，形容奔走于王侯权贵之门的样子。③"相知"句：《史记·邹阳传》："臣闻明月之珠，夜光之璧，以暗投人于道路，人无不按剑相眄者，何则？无因而至前者。"相知，知己的挚友。按剑：摸剑，谓准备拼斗。④世路：世间人事经历，社会。此言涉足世路亟宜审慎，否则，善良愿望亦易引起误解，进而遭遇不测。

【译文】　有德行学问先发迹成功的人笑着掸掉帽上的灰尘准备去做官，千万不要一做官就去奔走于王侯权贵之门；知己的朋友见面时尚且按着宝剑随时准备拼斗，千万不要随便给人好处以免引起误会。

九八

杨修之躯见杀于曹操[①]，以露己之长也；韦诞之墓见伐于钟繇[②]，以秘己之美也。故哲士多量采以韬光[③]；至人[④]常逊美而公善。

【注释】　①“杨修”句：杨修，汉末文学家，才思敏捷，积极为曹植谋画，欲使植取得魏太子位。植失宠后。曹操因修有智谋，又为袁术之甥，虑有后患，借故杀之。②“韦诞”句：（唐）韦续《墨薮》：“钟繇少师刘胜，入抱犊山学书三年。还与太祖、邯郸淳、韦诞、孙子荆、关枇杷等议用笔法，繇见蔡伯喈笔法于韦诞坐中，自槌胸三日，胸尽青，因呕血，太祖以五灵丹救之得活。繇苦求不得。及诞死，繇令人盗掘其墓，遂得之。”钟繇，三国魏人，字元常，官至太傅。善书，尤工正隶。韦诞，三国魏人，字仲将，善辞章，尤工书法。③哲士：明达而有才智之士。匿采：藏匿才华。韬光：隐秘才能。均喻藏才不露。④至人：道德修养达到最高境界的人。逊美：辞避好的名声。公善：把利益美名推为公有。

【译文】　杨修的身躯被曹操所杀，因为他常常要显示卖弄自己的聪明；韦诞的坟墓被钟繇所掘，因为他在墓中藏了自己的美物。所以明达而有才智的人士多藏匿才华，隐蔽才能，道德修养极好的人辞避好的名声，把利益美名推为公有。

九九

少年之人，不患其不奋迅，常患以奋迅而成卤莽，故当抑其

躁心；老成之人，不患其不持重，常患以持重而成退缩，故当振其惰气。

【译文】　对于少年青年之人，不要担心他的精神不振奋行动不迅速，而应当经常担心他太振奋太迅速了而行动鲁莽，因此要抑制他急躁的心情；对于成年老年之人，不要担心他不够老成不够持重，而应当经常担心他太老成太持重了而退缩不前，因此要振奋他懈怠的精神。

一〇〇

望重缙绅[①]，怎似寒微[②]之颂德？朋来海宇[③]，何如骨肉之孚心[④]？

【注释】　①缙绅（jìn shēn）：古代称有官职或曾做过官的人为缙绅，或作搢绅。“望重缙绅”，指在仕宦场中享有声望。②寒微：清贫平民。③海宇：此指近海之地。此言朋自远方来。④孚心：诚心，坦诚相待。

【译文】　虽然在仕宦场中享有崇高的威望，怎么比得上清贫百姓对你的歌功颂德？虽然在五湖四海都有相识的朋友，哪里比得上同胞骨肉的诚心相待？

一〇一

舌存常见齿亡，刚强终不胜柔弱；户朽未闻枢蠹[①]，偏执[②]岂能及圆融[③]？

【注释】　①枢：门的转轴；蠹：蛀虫，在此为动词。此句谓门扇朽坏了，但转动的门轴是不会被蠹虫蛀蚀的。②偏执：偏颇固执。③圆融：佛教术语。除破偏执，完满融通。《楞严经》：“地、水、火、风，本性圆融，周遍法界，湛然常住。”

【译文】　舌头长期存在而牙齿却要坏掉，刚直强硬终究比不上柔和软弱；门扇朽坏但转动的门轴却不会被蠹虫蛀蚀，偏颇固执怎么能及得上完满圆融？

评　议[1]

【注释】　①评论议定。《后汉书·东夷传》："高句丽，……无牢狱，有罪，诸加评议便杀之，没入妻子为奴。"

一〇二

物莫大于天地日月，而子美[1]云："日月笼中鸟，乾坤水上萍[2]。"事莫大于揖逊征诛[3]，而康节[4]云："唐虞揖逊三杯酒，汤武征诛一局棋[5]。"人能以此胸襟眼界吞吐六合，[6]上下千古[7]，事来如沤生大海[8]，事去如影灭长空，自经纶万变[9]而不动一尘矣。

【注释】　①子美：唐诗人杜甫字子美。②"日月"句：语出杜甫《衡州送李大夫赴广州》诗："斧钺下青冥，楼船过洞庭。北风随爽气，南斗避文星。日月笼中鸟，乾坤水上萍。王孙丈人行，垂老见飘零。"③揖逊：犹言揖让，即让位于贤。征诛：通过武力征讨诛灭。④康节：宋邵雍（1011—1077），字尧夫，谥康节，其先范阳人，幼随父迁共城（今河南辉县）。隐居苏门山百源之上，后人称他为百源先生。屡受官不赴。后居洛阳，与司马光、吕公著等从游甚密。根据《易传》关于八卦形成的解释，参杂道教思想，虚构一宇宙构造图式和学说体系，成为他的象数之学（也叫"先天学"）。认为宇宙的本原是"太极"，亦即"道"、"心"。他说："太极不动，性也；发则神，神则数，数则象，象则器，器则变，复归于神也。”（《皇极经世·观物外篇》）太极永恒不变，而天地万物则皆有消长、有终结，按照他所说的“先天图”循环变化。以为人类社会已盛极而衰，从中国古代有关三皇五帝等传说和某些历史现象出发，提出了“皇、帝、王、霸”四个时期的历史退化论。著作有《皇极经世》、《伊川击壤集》等。⑤“唐虞”句：出自邵雍《伊川击壤集·首尾吟》。⑥六合：《庄子·齐物论》成玄英疏：“六合，天地四方。”引申为天下之义。⑦上下千古：评断历史是非。“上下”在此用如动词：“千古”泛指历史上的人物、事件。⑧沤（ōu）生大海：大海中出现泡沫。《楞严经》：“空生大觉中，如海一沤发。”结合全文，阐发以小驭大，寓大于小的辩证哲理。⑨经纶：此指天下大事。

【译文】 世上万物没有比天空、大地、太阳、月亮更大的了，但杜甫却说：“太阳月亮是笼中的鸟，天空大地是水上的浮萍”；政治事件没有比让位于贤、征讨诛灭更大的了，但邵雍却说：“尧禅让帝位与舜、舜禅让帝位与禹不过是喝了三杯酒，商汤讨灭夏桀、武王讨灭商纣好比是下了一局棋。”人们假如能用这种气魄来看待天地四方，评判历史是非，事来如同大海中出现了一个气泡，事去如同长空中消失了一个影子，自然治理变化多端的天下大事也可以不动声色了。

一〇三

尼山以富贵不义[①]，视如浮云；漆园谓真性之公[②]，皆为尘垢。夫如是，则悠悠[③]之事，何足介意[④]？

【注释】 ①尼山：一名尼丘，山名，位于山东曲阜县东南。相传叔梁纥与颜氏女于此野合而生孔子，后因以尼山为孔子的代称。文中所引孔子的话见于《论语·进而》：“不义而富贵，于我如浮云。”②漆园：《史记·老子韩非列传》载战国庄周（庄子）曾为蒙漆园吏。后遂以漆园指称庄子。真性：本性、天性。《庄子·马蹄》：“马蹄可以残霜雪，毛可以御风寒，龁草饮水，翘足而陆。此马之真性也。”③悠悠：无穷尽。崔颢《黄鹤楼》诗：“黄鹤一去不复返，白云千载空悠悠。”④介意：放在心上。

【译文】　孔子认为富有尊贵是不义的，将其看作如同天上的浮云；庄子认为除了人的本性之外，一切都是尘土污垢。如果真是如此，那么世上万事万物，有什么足以放在心上？

一〇四

君子好名，便起欺人之念；小人好名，犹怀畏人之心[①]。故人而皆好名，则开诈善[②]之门，使人而不好名，剿绝为善之路。此讥好名者当严责夫君子，不当过求[③]于小人也。

【注释】　①小人：旧时指地位低下的人。犹：庶几，可能。《诗·魏风·陟岵》："上慎旃哉，犹来无止。"《传》："犹，可也。"②诈善：假装行善，用心不良。③过求：苛求。

【译文】　君子爱好名声，于是便有了欺骗人的想法，小人爱好名声，可能会产生怕人的心理。因此假如要大家都爱好名声的话，就会开假装行善之门；假如要大家都不爱名声，那么就会堵绝人们做好事的道路。因此，如果要批评爱好名声而产生的弊病的话，应当严厉地批评那些欺骗人的所谓君子，而不要对小人们过分苛求。

一〇五

大恶多从柔处伏，哲士当防绵里之针[①]；深仇常自爱中来，达人宜远刀头之蜜[②]。

【注释】　①哲士：才能识见超越寻常的人。绵里之针：比喻外貌和善，内心尖刻。②达人：通达事理的人。远刀头之蜜：使刀头之蜜远。刀头之蜜，《佛说四十二章经》："佛言财色之于人，譬如小儿食刀刃之蜜，甜不足一食之美，然有截舌之患也。"

【译文】　极大的祸害大多在表面上很柔和的地方隐藏着，明智的人应当提防那些外貌和善、内心刻薄的人，很深的仇恨往往从原来同自己关系很好的人那里来，通达事理的人应当远离那些后面隐藏着危险的甜言蜜语。

一〇六

持身涉世[1]，不可随境而迁。须是大火流金[2]，而清风穆然[3]；严霜杀物，而和气蔼然[4]，阴霾翳[5]空，而慧日朗然[6]，洪涛倒海[7]，而砥柱屹然[8]。方是宇宙内的真人品。

【注释】 ①持身：立身处世。涉世：经历世事。《史记·老子韩非列传》："故此二子（伊尹、百里奚）者，皆圣人也，犹不能无役身而涉世，如此其污也。"②大火流金：夏日炎热可使金属销熔。极言其热。③清风穆然：清风徐来。穆然，默然无声。④和气：此指和风，春季的微风。蔼然：和气安详的样子。⑤翳（yì）：遮蔽。⑥慧日朗然：谓丽日高照，天空晴朗的样子。⑦倒海：形容声势、力量的巨大。⑧屹然：高耸的样子。

【译文】 立身处世、经历万事，不可随着外界条件的变化而变化。必须是：夏季炎热似火，却如同生活在清风徐来之中；冬季严寒万物冻死，却好比生活在温暖的春季；阴雾遮蔽了天空，却好像丽日高照、天空晴朗；巨大的波浪翻江倒海，但中流砥柱屹然耸立。这才算得上是世界上真正的好品格。

一〇七

爱是万缘之根[1]，当知割舍；识[2]是众欲之本，要力扫除。

【注释】 ①爱：佛教术语，贪物之意，染著之意，是十二因缘之一，《俱舍经》一九曰："贪资具淫爱。"②识：佛教术语，心之异名，了别之义也，心对于境而了别，名为识。《唯识论》一曰："识谓了别。"

【译文】 爱是各种因缘的根本，应当知道割舍，识是各种欲望的源头，应当尽力扫除。

一〇八

作人要脱俗，不可存一矫俗[1]之心；应世要随时，不可起一趋时[2]之念。

【注释】 ①矫俗：纠正坏的习俗。②趋时：追逐时尚。

【译文】 做人要摆脱世俗风气的影响，但不可以有矫正世俗之气的心思；应付世事要适应时尚的习惯，但不起赶逐时髦的念头。

一〇九

宁有求全之毁[1]，不可有过情之誉[2]；宁有无妄之灾[3]，不可有非分之福。

【注释】 ①求全之毁：《孟子·离娄上》："有不虞之誉，有求全之毁。"朱熹注："求免于毁而反致毁。"②过情之誉：不合实际情况的称赞。③无妄之灾：《周易·无妄》："六三，无妄之灾。或系之牛，行人之得，邑人之灾。"说有人系的牛被过路人牵走了，而同邑邻人却平白无故地受到怀疑和搜捕。后来用以形容意外的灾祸。

【译文】 宁可接受想避免而避免不了的毁谤，也不要接受不合实际情况的称赞；宁可遭到意外的灾祸，也不要占有本来不应该属于自己的幸福。

一一〇

毁人者不美，而受人毁者遭一番毁谤，便加一番修省，可以释回而增美[1]；欺人者非福，而受人欺者遇一番横逆，便长一番器宇[2]，可以转祸而为福。

【注释】 ①释回：丢掉邪念。回：在这里是邪僻之义。《礼·礼器》："礼，释回，增美质；措则正，施则行。"注："释，犹去也。回，邪僻也。""释回"，一本作"释冤"。②器宇：胸襟、度量。

【译文】 毁谤人的人品德不会更好，而被毁谤的人遭到一番毁谤之后，便加一番修身反省，可以去邪辟而增益美性；欺侮人的人不会有福运，而受人欺侮的人遭遇一番横逆，便增加一番度量，可以将原来的祸事转化为福运。

一一一

梦里悬金佩玉[①]，事事逼真，睡去虽真觉后假；闲中演偈谈玄[②]，言言[③]酷似，说来虽是用时非。

【注释】　①悬金佩玉：形容富贵权势。②演偈（jié）：演述佛经中的颂词、警语。谈玄：谈论玄理。玄理原专指老庄学说，后泛指一般哲理。③言言：所讲的每句话。

【译文】　睡梦之中悬挂金印带着玉佩，每件事情都与真的极为相似，但这只是睡梦之中的幻觉，醒来后一切都不复存在；空闲之时演述佛经谈论玄理，每句话语都说得煞有介事，但这只是说说而已，遇到实际问题时一切都不这样了。

一一二

天欲祸人，必先以微福骄之[①]，所以福来不必喜，要看他会受；天欲福人，必先以微祸儆[②]之，所以祸来不必忧，要看他会救。

【注释】　①骄之：使人骄纵。②儆（jǐng）：儆戒，《孔子家语·五仪解》："所以儆人臣也。"

【译文】　上天如要降祸于人，一定会先以轻微的福运来使他骄纵，所以福运来临时先不要高兴，要看他能否消受这份福运；上天如要降福于人，一定会先拿轻微的祸事来儆戒他，所以祸事来临时也不要担忧，要看他能否将祸事转化成为福运。

一一三

荣与辱共蒂[①]，厌辱何须求荣；生与死同根，贪生不必畏死。

【注释】　①蒂：花或瓜果与枝茎相连的部分，引申为本原。

【译文】　荣宠与耻辱原本是同一枝茎上的两个果子，讨厌耻辱何必一定要去追求荣宠？生存与死亡原本也是紧密结合在一起的两种现象，贪图生存不必害怕死亡。

一一四

非理[①]外至，当如逢虎而深避，勿恃格兽之能；妄念[②]内兴，且拟探汤而疾禁[③]，莫纵染指之欲。

【注释】　①非理：不合理义的事情。②妄念：非分、越轨的想法与打算。③拟：相似，比。“探汤”句：《论语·季氏》：“见善如不及，见不善如探汤。”探沸水而烫手。喻戒惧。疾禁：尽快地禁止。全句谓要以极快的速度消除萌生的妄念。

【译文】　不合理义的事情突然从外界降临时，应当如同路上遇到猛虎那样远远避开，千万不要仗恃自己有与猛虎格斗的能力；非分越轨的想法从内心兴起时，应当比拟为见到沸水立即停止伸手，千万不要产生用手指沾一下的欲望。

一一五

作人只有一味率真[①]，踪迹[②]虽隐还显；存心若有半毫未净，事为虽公亦私。

【注释】　①一味：亦作“一迷”，专一，一经。率真：正直真诚。②踪迹：行动所留下的痕迹。

【译文】　做人只要是专一的正直真诚，行动所留下的痕迹即使是不明显的也是光明磊落的；存心如果有半毫的不干净，做出的事情即使是公道的也存有私心。

一一六

鹪占一枝[①]，反笑鹏心奢侈[②]；兔营三窟[③]，转嗤鹤垒高危[④]。

智小者不可以谋大；趣卑者不可与谈高。信然[⑤]矣。

【注释】 ①鹩（liáo）占一枝：鹩，小鸟名。《庄子·逍遥游》："鹪（jiāo）鹩（一种喜于筑巢的小鸟）巢（筑巢）于深林，不过一枝。"丛林中之一枝，极言其小。②"反笑"句：《庄子·逍遥游》："鹏之背，不知其几千里也；怒而飞，其翼若垂天之云……将图南（图谋南飞至南海）。蜩（tiáo）与学鸠（蝉与斑鸠）笑之曰：'我决（迅速地）起而飞，枪（碰上）榆枋（fāng，榆树与檀木）而止；时（有时）则不至（够不上），而控（落）于地而已矣。奚以之九万里而南为？（为什么要高飞九万里而去南海呢）'"因鹪鹩与蜩、鸠均为小鸟，结合言之，以之代为称说。③"兔营"句：《战国策·齐策》记冯谖对孟尝君说："狡兔有三窟，仅得免其死耳；今君有一窟，未得高枕而卧也，请为君复凿二窟。"后以多辟藏身之处以避祸为兔营三窟。④"转嗤"句：反而讥笑鹤窝建在高处。危，高。⑤信然：真是这样。

【译文】 鹪鹩占领了丛林中的一枝，反而讥笑鹏鸟的欲望太为奢侈；狡兔在地下营建了三窟，转过来讥笑鹤窝建筑在高高的地方。智力低下的人不可以与他商量大事，志趣卑下的人不可以与他谈论高洁的操行。真是这样的啊！

一一七

贫贱骄人，虽涉虚骄[①]，还有几分侠气；英雄欺世，纵似挥霍[②]，全没半点真心。

【注释】 ①虚矫（jiǎo）：无实力而骄矜。②挥霍：洒脱，无拘束。

【译文】 贫贱的人看不起别人，虽然他丝毫也没有骄矜的实力，总还显得有几分豪侠的气概；然而英雄欺诈别人，即使像是洒脱、不拘小节，也全然没有了半点真诚之心。

一一八

糟糠不为彘肥[①]，何事偏贪钩下饵[②]？锦绮岂因牺[③]贵，谁人能解笼中囮[④]？

【注释】 ①“糟糠”句：糟糠，指饲料。彘（zhì），猪。谓以饲料养猪不是为它肥壮，而是为宰食其肉。②饵：钓鱼时引鱼上钩的食物。③锦绮：丝织品。织采为文曰锦，织素为文曰绮。栖：即牺尊。古代酒器。据《周礼·幂人》载，因天地之神尚质，用粗疏的布覆盖祭器。锦绮虽华美，却不能用作祭祀的覆尊物。④解：能。囮（é）：鸟媒，即捕鸟时用来引诱同类鸟的活鸟。

【译文】 以饲料养猪难道不是为了使它肥壮，以宰食其肉？鱼儿却又为什么偏偏贪食钩下的钓饵？锦绮虽然华美，却不能用作祭祀的覆尊之物，又有谁能知道，这只鸟是经过训练专门用来引诱其它鸟儿入笼的呢？

一一九

大千沙界[①]，尚为空里之空名[②]；巨万金钱，固是末中之末事。非上上智[③]，无了了心[④]。

【注释】 ①沙界：即佛教所谓恒河沙数三千大千世界，简称“大千世界”。原来是古印度传说的一个广大范围的世界的名称。即以须弥山为中心，同一日月所照的四天下为一小世界，合一千个小世界为小千世界，合一千个小千世界为中千世界，合一千个中千世界为大千世界，一称三千大千世界或三千世界。佛教沿用其说，以三千大千世界为释迦牟尼所教化的范围。②空名：佛教指超乎色相现实的境界为空。佛教认为一切皆空。空是假名，假名亦空，故曰空中之空。③上上：最上等。④了了：清清楚楚，明明白白。元好问《客意》诗：“雪屋灯青客枕孤，眼中了了见归途。”

【译文】 三千大千世界，尚且一切都是空的；千百巨万金钱，本来就是末等之事。如果不是最上等智慧的人，没有这样清清楚楚、明明白白的心。

一二〇

琴书诗画，达士以之养性灵[①]，而庸夫徒赏其迹象[②]；山川云物，高人以之助学识，而俗子徒玩其光华[3]。可见事物无定品，随人识见以为高下。故读书穷理要以识趣[4]为先。

【注释】 ①性灵：性情，泛指精神生活。②迹象：指表面现象。③光华：光彩明丽。④识趣：领会事理中包蕴的意趣。

【译文】 鸣琴、书法、诗歌、图画，明达之士用它们来养怡情性，而一般平庸的人只能空空地赏识其表面现象；高山、大河、飞云、万物，高尚的人用它们来助长学问和知识，而一般的人只是空空地赏玩它们表面的光彩明丽。可见事物没有一定的品格，随着人的见识而定其高下。因此读书追求道理时要以领会事理中包蕴的意趣为最要紧。

一二一

美女不尚铅华[1]，似疏梅之映淡月[2]；禅师不落空寂[3]，若碧沼之吐青莲[4]。

【注释】 ①铅华：古代女子擦脸用的香粉。《文选》曹植《洛神赋》："芳泽无加，铅华不御。"李善注："铅华，粉也。"②"似疏"句：宋钱塘林逋《咏梅》诗有"疏影横斜水清浅，暗香浮动月黄昏"的句子，极写恬淡飘逸，为人传诵。③落：摒弃。《广弘明集》三宋谢灵运《昙隆法师诔》："慨然有摈落荣华，兼济物我之志。"空寂：佛教认为无诸相（各不相同的形相事物）曰空，无起灭（事物的生与灭。佛教认为因缘和合则生起；因缘离散则灭谢）曰寂。前者就空间范畴言；后者就时间范畴言。④"若碧"句：《维摩经·佛国品》："不著世间如莲花，常善入于空寂行。"

【译文】 美女不用涂脂抹粉，好比是稀疏开放的腊梅映照着淡淡的月光；禅师不摒弃空寂，好比是碧绿的池塘里开放着青青的莲花。

一二二

廉官多无后[1]，以其太清也；痴人[2]每多福，以其近厚[3]也。故君子虽重廉介[4]，不可无含垢纳污之雅量；虽戒痴顽，亦不必有察渊洗垢[⑤]之精明。

【注释】 ①后：后福，日后的幸福。②痴人：痴顽之人，无知、愚昧，愚妄而不通事理之人。③近厚：近于厚道。言痴者不知悭巧，易为人宽待而得福。④廉介：清廉而耿直。⑤察渊：谓明察可见深渊之鱼。《韩非子·说林》："隰子曰：'古者有谚曰：知渊中之鱼者不祥。……'"洗垢：洗垢而求瘢，喻过分挑剔他人毛病。《后汉书·赵壹传》引《刺世疾邪赋》："所好则钻皮出其毛羽，所恶则洗垢求其瘢痕。"

【译文】 清廉的官员大多没有后福，因为他太清白了的缘故；痴顽的人却常常有很多的福运，因为他不知悭巧，易为人宽待的原因。因此君子虽然推崇清廉，但不可没有含纳一些污垢的肚量；虽然要戒掉痴顽愚妄，但也不一定要有过分挑剔他人毛病的聪明。

一二三

密则神气拘逼[①]，疏则天真烂漫[②]。此岂独诗文之工拙从此分哉？吾见周密之人，纯用机巧；疏狂[③]之士，独任性真[④]。人心之生死亦于此判[⑤]也。

【注释】 ①神气：自然元气。拘逼：狭、窄，受拘束。②天真：指心地单纯，没有做作和虚伪。③疏狂：狂放不羁，不受约束。④性真：谓本性。⑤判：区别。

【译文】 太周密了自然元气要受到拘束，疏放一些倒显得天真烂漫。这难道仅仅是诗歌文章由此区分工巧和粗拙的吗？我看那周密的人做任何事情都工于心计，而狂放不羁的人凡事都由着自己的本性。人心的灵活与死板也可以由此得到区别了。

一二四

翠筱[①]傲严霜，节纵[②]孤高，无伤冲雅[③]；红蕖[④]媚秋水，色虽艳丽，何损清修[⑤]。

【注释】 ①翠筱（xiǎo）：青绿色的竹子。②纵：即使。③冲雅：

冲虚淡雅。④蕖（qú）：即芙蕖，荷花的别名。⑤清修：指操行洁美。

【译文】 青青翠竹在霜雪天中挺风傲立，节操即使显得孤独高傲，但不会有损于它的冲虚淡雅；红色荷花在秋水里面显得格外妩媚，颜色虽然鲜艳美丽，但不会有损于它的操行洁美。

一二五

贫贱所难，不难在砥节而难在用情[1]；富贵所难，不难在推恩[2]而难在好礼。

【注释】 ①砥节：磨炼节操。砥，磨石。用情：此处指适当地处理感情。②推恩：施恩惠于他人。

【译文】 人在贫困卑贱时所难以做到的，不是难在磨炼节操，而是难在如何适当地处理自己的思想感情；人在富有尊贵时所难以做到的，不是难在施恩惠于他人，而是难在如何有礼节地对待别人。

一二六

簪缨[1]之士，常不及孤寒之子可以抗节[2]致忠；庙堂[3]之士，常不及山野之夫可以料事烛理[4]。何也？彼以浓艳损志[5]；此以淡泊全真[6]也。

【注释】 ①簪缨：古代官吏的冠饰，用以指称显贵。②孤寒：家世寒微，无可依恃。抗节：坚持节操。③堂：古代帝王遇大事，告于宗庙，议于明堂，后以庙堂指朝廷。④山野之夫：指隐士，王勃《赠李十四》诗："野客思茅宇，山人爱竹林。"料事烛理：预见事物的发展，明白道理。烛：明察。⑤损志：丧失志向。⑥淡泊：恬淡寡欲。曹植《蝉赋》："实淡泊而寡欲兮，独咭乐而长吟。"全真：保持本性。

【译文】 官宦之人，常常比不上卑贱寒微之士能够坚持节操和忠心耿耿；朝廷大员，常常比不上隐居山林的人能够预料事情的发展和明白道理。为什么呢？前者因为热衷名利而损伤志向，后者因为恬淡寡欲而能保持本性。

一二七

荣宠旁边辱等待，不必扬扬[①]；困贫背后福跟随，何须戚戚[②]。

【注释】　①扬扬：得意的样子。②戚戚：忧患，悲伤。

【译文】　在光荣宠爱的旁边就有耻辱在等待着，不要洋洋得意；在困难贫穷的背后就有福运在跟随着，何必悲伤失望。

一二八

古人闲适处，今人却忙过了一生；古人实受[①]处，今人又虚度了一世。总是耽空逐妄[②]，看个色身[③]不破，认个法身[④]不真耳。

【注释】　①实受：实际受用。②耽空逐妄：沉溺并追求虚幻空妄的东西。佛教认为本觉从内影响妄心；佛法从外教化妄心，才能觉悟。③色身：佛教称自四大（地，水、风、火）五尘（色、声、香、味、触）等色法而成之身。全句说看不破色身。参看下注。④法身：佛教称佛身为法身。《大乘义章》十八："言法身者，解有两义：一、显法本性以成其身，名为法身；二、以一切诸功德法而成身，故名为法身。"全句说对法身不真。佛教缘起论对自身本体解释各派纷纭，总的认为是名（精神）与色（物质）的结合产生有情（人和一切有感情的生物）。

【译文】　古人清闲安逸之处，今人却一生奔忙；古人实际受用之处，今人却又一生虚度。总是沉溺在虚幻之中追求空妄之物，这是看不破色身，又对法身认得不真的缘故。

一二九

芝草无根醴无源[①]，志士当勇奋翼[②]：彩云易散琉璃脆，达人当早回头。

【注释】 ①“芝草”句：醴：甘美的泉水。三国吴虞翻《与弟书》：“扬雄之才，非出孔氏之门，芝草无根，醴泉无源。”比喻人的成就，无所凭藉，出于自己的努力。②奋翼：振翼而飞，比喻振作有为。

【译文】 灵芝仙草没有根头，澧泉之水没有源头，有志之士应当勇敢地振翼而飞，天上的彩云容易飘散，光亮的琉璃瓦松脆易碎，明达之士应当及早回头。

一三〇

少壮者事事当用意[①]，而意反轻，徒泛泛作水中凫[②]，何以振云霄之翮[③]？衰老者事事宜忘情[④]，而情反重，徒碌碌[⑤]为辕下驹，何以脱缰锁之身？

【注释】 ①用意：尽心。②“徒泛”句：凫（fú），野鸭。屈原《卜居》：“宁昂昂若千里之驹乎？将泛泛若水中之凫与波上下，偷以全吾躯乎？”意谓如水鸭那样随波逐流。泛泛，漂浮。一本句末有“而已”，下同。③翮（hé）：羽茎，鸟的翅膀。④忘情：对喜、怒、哀、乐之事不动感情，淡然若忘。⑤碌碌：忙碌奔走。

【译文】 少壮之人每件事情应当尽心尽力，但许多人却往往相反，只是一般地应付，如同鸭子那样凫在水面上，怎么能够展翅高飞直冲云霄？衰老之人每件事情应当不动感情，但许多人却往往相反，只好像车辕下马匹那样忙碌奔走，身子怎么能够摆脱缰绳锁链？

一三一

帆只扬五分，船便安；水只注五分，器便稳[①]。如韩信以勇略震主被擒[②]，陆机以才名冠世见杀[③]，霍光败于权势逼君[④]，石崇死于财赋敌国[⑤]，皆以十分取败者[⑥]。康节[⑦]云：“饮酒莫教成酩酊，看花慎无至离披[⑧]。”旨哉言乎[⑨]！

【注释】　①器便稳：器，敧器。古代的一种巧器。原为灌溉用的汲水陶罐，其系绳的罐耳位于罐腹靠下的部位，空时其重心位于罐耳之上，用绳悬挂时，罐身倾斜，便于打水，到了半满时，由于重心下到罐耳以下，罐身自动扶正；当水灌满时，由于重心上升到罐耳以上，很易倾覆。这种汲水陶罐略加改型，称为“敧器”。因为敧器水满则覆，古人以之置座侧戒满。②“如韩”句：《史记·淮阴侯列传》载韩信亡楚归汉，屡建奇功，蒯通游说他道：“臣闻勇略震主者身危，而功盖天下者不赏……窃为足下危之！”韩信未接受其与楚汉鼎足而三的建议，后为刘邦擒获，终被吕后所杀。③陆机：晋人，字士衡。与弟陆云，文章冠世，时称“二陆”。太安初，成都王司马颖起兵讨长沙王司马乂，任机为后将军、河北大都督。及军败被谮，为颖所杀。④“霍光”句：霍光，西汉河东平阳人，字子孟，昭帝八岁即位，光以大司马大将军受遗诏辅政，封博陆侯，政事一决于光。至宣帝立，光秉政二十年，族党满朝，权倾内外。霍光死，宣帝亲政后，收霍氏兵权，遂以谋反夷族数千家。《汉书·霍光传》：“初，霍氏奢侈，茂陵徐生曰：‘霍氏必亡，夫奢者不逊，不逊必侮上。侮上者，逆道都。在人之右，众必害之。……不亡何待？’”⑤“石崇”句：石崇，西晋渤海南皮人，字季伦。历任侍中、荆州刺史等职。尝劫远使商客致巨富。于河阳置金谷园，穷奢极侈，曾与贵戚王恺斗富，以蜡代薪，作锦步障五十里，王恺虽得武帝支持，仍不能敌。后为赵王伦所杀，死前曾叹曰：“奴辈利吾家财！”⑥十分：言盈满无虚。⑦康节：邵雍，宋共城人，字尧夫，卒谥康节。（参见一〇二条注）⑧“饮酒”二句：出邵雍《伊川击壤集·安乐窝中吟》。引句之下诗句云：“人能知得此般事，焉有闲愁到两眉。”酩酊，因饮酒过量大醉。离披，花期已过，行将凋谢，散乱的样子。⑨旨哉言乎：这话说得太妙啦。

【译文】　篷帆只要扬起一半，船儿便能十分安稳地向前行进；清水只要注入一半，敧器便能自动扶正显得十分安稳。像韩信因为勇敢与谋略都使皇帝感到害怕所以遭到擒杀，陆机因为文才之名为当时第一而被谮杀，霍光因为权势逼君在死后被灭九族，石崇因为财富之多能与国家相比被赵王所杀，这些都是因为盈满无虚而导致失败的。邵雍说：“喝酒不要喝到酩酊大醉，看花不要看到行将凋零。”这话真是说得太妙了！

一三二

附势者如寄生[①]依木，木伐而寄生亦枯；窃利者如蠹虰[②]盗人，人死而蠹虰亦灭。始以势利害人，终以势利自毙，势利之为害也如是夫！

【注释】 ①寄生：偏附于他物而生长的生物。《诗·小雅》“茑与女萝”，毛传：“茑，寄生也。”②蠹虰：人肠道寄生虫。五代南唐谭峭《化书·天地》：“蠹虰者，肠中之蠹也。(嘈）我精气，铄我魂魄。”

【译文】 依附权势的人如同寄生之草依附在树木之上，树木被砍伐了，寄生之草也必定枯萎；窃取他人利益的人如同肠中之蠹专门吸取人体的营养，人体死了，肠中之蠹也一定死亡。开始以势利来害人，最后一定因为势利的原因而自取灭亡，势利的危害就是这样的啊！

一三三

失血于杯中，堪笑猩猩之嗜酒[①]，为巢于幕上[②]，可怜燕燕之偷安[③]。

【注释】 ①“失血”二句：猩猩血可用为染料。《华阳国志》：“永昌郡有猩猩，能言。其血可以染朱罽。”嗜酒：《蜀志》：“封溪县有兽曰猩猩，……人以酒取之，猩猩觉，初暂尝之，得其味甘而饮之，终见羁缨（被捕获）也。”言嗜欲招祸，悔之已晚。②“为巢”句：比喻处境极危。《左传·襄公二十九年》：“夫子之在此也，犹燕之巢于幕上，君又在殡，而可以乐乎？”③偷安：不顾将来祸患，只图眼前的安逸。

【译文】 真可笑啊！猩猩为了贪图喝酒的缘故，终于被人捉住，让它的血流在杯子里作了染料。真可怜啊！燕子只顾贪图眼前的安逸，竟然把巢窝搭到即将拆掉的帐幕之上。

一三四

鹤立鸡群[①]，可谓超然无侣[②]矣。然进而观于大海之鹏[③]，则眇然[④]自小；又进而求之九霄之凤[⑤]，则巍乎莫及。所以至人常若无若虚；而盛德多不矜不伐也[⑥]。

【注释】 ①鹤立鸡群：比喻人的才德或仪表卓然出众。《世说新语·容止》："有人语王戎曰：嵇延祖卓卓如野鹤之在鸡群。"②无侣：无可比拟。侣，伴。③大海之鹏：《庄子·逍遥游》："北冥有鱼，其名为鲲。鲲之大，不知其几千里也。化而为鸟，其名为鹏。鹏之背，不知其几千里也；怒而飞，其翼若垂天之云。是鸟也，海运则将徙于南冥。南冥者，天池也。"④眇（miǎo）然：微小的样子。⑤九霄之凤：宋玉《对问》："凤凰上击九千里，绝云霓，负苍天，翱翔乎窈冥之中，藩篱之鷃，岂能与之料天地之高哉？"凤，传说中的瑞鸟。⑥盛德，指盛德之人，即德高望重的人。矜：自以为贤能。伐：居功自夸。

【译文】 野鹤立在鸡群之中，可以说是远远超出无可比拟的；然而进一步将它与海上大鹏相比，则显得微小了；又进而与天上的凤凰相比，那么更是望尘莫及。所以道德修养极好的人经常是非常谦虚的，即使德高望重也一点不显得骄横与傲慢。

一三五

铅刀[①]只有一割能，莫认偶尔之效辄寄调鼎[②]之责；干将[③]不便如锥用，勿以暂时之拙全没倚天[④]之才。

【注释】 ①"铅刀"句：铅刀钝，无可大用。《后汉书·班超传》上疏："若魏绛列国大夫，尚能和辑诸戎，况臣奉大汉之盛，而无铅刀一割之用乎？"②调鼎：邵雍《问鼎》诗："请将调鼎问于君，调鼎功夫敢与闻。只有盐梅难尽喜，岂无姜桂助为辛……切勿轻言天下事，伊周殊不是庸人。"盐、梅都是调味品。言商王武丁立傅说为相，欲其治理国家，如调鼎中调味品，使之协调。后调鼎遂成宰相之喻称。③干将：古剑名。《吴越春秋》："干将，吴人，与欧冶子同师阖闾。使造剑二枚，一曰干将，二曰莫耶。莫耶者，干将之妻名。"④倚天：宋玉《大言赋》"长剑耿耿倚天外"，谓想象中倚靠在天边的长剑。后以倚天称代剑。全句称对事物宜长远、全面观察。

【译文】 铅刀锋钝，只有使用一次的功效，千万不要因为这偶尔的功效就委以重任；干将锋利，然而有时却不像小锥便于使用，千万不要因为这暂时的笨拙而抹煞了它的倚天之才。

一三六

贪心胜[①]者，逐兽而不见泰山[②]在前，弹雀而不知深井在后[③]，疑心胜者，见弓影而惊杯中之蛇[④]，听人言而信市上之虎[⑤]。人心一偏，遂视有为无，造无作有如此，心可妄动乎哉？

【注释】 ①胜：太过。②泰山：古代泰山多虎，《礼记·檀弓》载孔子过泰山侧，有妇人哭于墓，说她的公公、丈夫、儿子都死于虎。③"弹雀"句：言贪利危身，弹雀仰上不及虑下而坠深井。参见第九二则注④。④"见弓"句：喻多疑自扰。汉应劭《风俗通义·怪神》载汲县令郴请主簿杜宣喝酒，挂在壁上的弩弓映入杯中如蛇形，宣疑惧，饮后即胸腹痛切，多方治疗未能愈。后来郴又在原来的地方设酒请宣，杯中又复有蛇影，郴对宣说这是壁上弩弓的影子。宣疑惧顿释，病也就没有了。⑤"听人"句：《战国策·魏策》："夫市之无虎明矣，该而三人言而成虎。"喻疑信毋据流言。

【译文】 贪心太过的人，追逐猎物竟忘了多虎的泰山就在前面，弹射黄雀而不知道深深的陷阱就在后面；疑心太过的人，看见弩弓的影子映入杯中疑心是蛇，听到人们都说街上来了老虎竟会相信。人心如果长得不正，就会看有的东西为没有，把本来没有的说成是有的，人心难道是可以妄动的吗？

一三七

蛾扑火，火焦蛾[①]，莫谓祸生无本；果种花，花结果，须知福至有因。

【注释】 ①焦：烧焦。蛾扑火：即飞蛾扑火，喻自取灭亡。

【译文】 飞蛾扑向灯火，灯火烧焦飞蛾，不要说祸事是无缘无故凭空而起，果核种下开花，花儿开了结果，必须知道福运的到来是有一定原因的。

一三八

车争险道，马骋先鞭[①]，到败处未免噬脐[②]；粟喜堆山，金夸过斗，临行时还是空手。

【注释】 ①先鞭：占先一着。②噬（shì）脐：自己咬自己的肚脐是够不着的。形容来不及，后悔已晚。

【译文】 车儿争着通过险道，还要鞭打马儿快跑，等到翻车之时未免后悔已晚；粮食喜欢堆得像山，金子夸耀超过一斗，但到临死之时还是空手一双。

一三九

花逞春光，一番雨，一番风，催归尘土；竹坚雅操[①]，几朝霜，几朝雪，傲就琅玕[②]。

【注释】 ①雅操：高雅的节操。②琅玕（láng gān）：像珠玉的美石。《书·禹贡》："厥贡惟球、琳、琅玕。"孔传："琅玕：石而似玉。"孔颖达疏引《尔雅·释地》谓"石而似珠。"

【译文】 花儿在春光之中逞能，一遍雨来，一遍风来，便催促它落归尘土；竹儿坚持着高雅的节操，几次霜来，几次雪来，始终像玉石一样傲然屹立。

一四〇

富贵是无情之物，看得他重，他害你越大；贫贱是耐久之

交，处得他好，他益你[①]反深。故贪商于而恋金谷者[②]，竟被一时之显戮[③]；乐箪瓢而甘敝缊者[④]，终享千载之令名[⑤]。

【注释】 ①益你：使你获益。②商于（wū）：战国时秦国地名，曾被秦孝公封赐给商鞅，在今陕西商南、河南淅川、内乡一带。金谷：金谷园，晋代巨富石崇在洛阳西北修造的豪华园林。③显戮：明正典刑，处决示众。商鞅终遭车裂（五马分尸），石崇终被王伦嬖人所谮，在金谷园被捕后被杀。④乐箪瓢：箪：竹编的盛饭器。这里指孔子的学生颜回，家住陋巷，箪食瓢饮，后来配享孔庙。敝缊：破旧的以乱麻为絮的棉袍。这里指孔子另一个学生子路，不以衣着很差为耻，后来也被尊为孔门十哲之一。⑤令名：美名。

【译文】 富贵是没有情义的坏蛋，你越是看重他，他越是要害你；贫贱是能长久结交的朋友，你与他相处得好，他使你获益反深。因此贪得商于之地、爱恋金谷园的人，终于被明正典刑，处决示众；而以箪食瓢饮为乐、以穿破旧麻袍为甘的人，终于享受到了千年的美名。

一四一

鸽恶铃而高飞，不知敛翼[①]而铃自息；人恶影而疾走，不知处阴而影自灭。故愚夫徒疾走高飞，而平地反为苦海；达士知处阴敛翼，而巉岩[②]亦是坦途。

【注释】 ①敛翼：收拢翅膀。②巉岩（chán yán）：高峻险峭的山峰岩壁。

【译文】 鸽子讨厌铜铃的声音而向高处飞去，它不知道收拢翅膀铃声就会止息；人们讨厌地上的影子而快速地奔走，不知道置身暗处影子就会消失。因此愚蠢的人空空地快跑高飞，把平地变成了苦海；明智之士知道躲进暗处收敛翅膀，即使是高峻险峭的山峰岩壁也会变成平坦的道路。

一四二

秋虫春鸟，共畅[①]天机，何必浪[②]生悲喜？老树新花，同含生意，胡为妄别媸妍[3]？

【注释】 ①畅：通达。②浪：轻率；随便。③媸妍：丑与美。

【译文】 春天的鸟秋天的虫，它们鸣叫的声音都尽情地表达了上天的意思，为什么要轻易产生出高兴或者悲伤的感情呢？老的树木新的花儿，都共同透露出生命存在的讯息，为什么一定要胡乱地区别出它们的丑陋与美丽呢？

一四三

已享其利者为有德[1]，柳跖[2]之腹心；巧饰其貌者无实行[3]，优孟[4]之流风。

【注释】 ①"已享"句：受到他好处的就认为他有德。②柳跖(zhí)：相传为春秋末期鲁人，许多古文献中均有记载，说法不一。有的说他是日杀无辜，脍人之肝，暴戾恣睢，横行天下的大盗（故称盗跖）。③"巧饰"句：粉饰外表而言行不一。④优孟：春秋楚国艺人。相传楚相孙叔敖死后，其子贫困无依。优孟就扮作孙叔敖，穿戴上孙叔敖的衣冠，去见楚庄王，庄王很受感动，孙叔之子遂得封。后称一味模仿为优孟衣冠，亦称优孟。此喻巧言令色取悦于人者。

【译文】 接受了别人的好处就说这个人是有德行的，这是柳跖的思想；巧言令色取悦于人但是没有实际的行动，这是优孟传下来的风气。

一四四

多栽桃李少栽荆[1]，便是开条福路；不积诗书偏积玉，还如筑个祸基。

【注释】 ①荆：荆棘，丛生有刺的灌木。

【译文】 多栽些桃树李树少栽些荆棘，便是建造了一条得福之路；不积累诗文知识偏偏要去积累金玉财宝，实在是在建筑一个得祸的基础。

一四五

习伪智矫性徇时[①]，损天真取世资考[②]。至人[③]所弗为也。

【注释】 ①矫性徇时：掩饰真实性情，顺从世俗时势。②取世资考：采纳世俗之见作为取舍自己意见的参考，即曲意顺人。③至人：古代用以指思想道德等方面达到最高境界的人。《荀子·天论》："故明于天人之分，则可谓至人矣。"

【译文】 学到了一些假聪明来掩饰人的真实性情，顺从世俗时势，损害了人的天然直率而采纳世俗之见，作为取舍自己意见的参考。这是道德品质高尚的人们所不干的。

一四六

万境一辙[①]，原无地著个穷通[②]；万物一体，原无处分个彼我。世人迷真逐妄[③]，乃向坦途上自设一坷坎[④]，从空洞中自筑一藩篱[⑤]，良足慨哉。

【注释】 ①辙：车轮辗成的车道。②穷通：困窘；显达。《庄子·让王》："古之得道者，穷亦乐，所乐非穷通也。"③迷真逐妄：迷失本性而去追逐妄念。佛教称凡夫贪恋六尘境界之虚妄心念为妄念。④坷坎：同坎坷，道路高低不平。⑤藩篱：竹木编的篱笆，本用作房舍的屏障。

【译文】 世界上万种境遇同出一辙，原来没有什么困窘与显达；世界上万种物体同出一体，原来并不分为你与我。只因世上之人迷失本性而追逐妄念，乃在平坦的道路上自己设置了一道坎坷，在空空的平地上建筑了一道篱笆，这实在是令人感慨的。

一四七

大聪明的人，小事必朦胧[①]；大懵懂[②]的人，小事必伺察[③]。

盖伺察乃懵懂之根，而朦胧正聪明之窟也。

【注释】 ①朦胧：模糊，糊涂。②懵懂：不明了，糊涂。③伺察：细致地侦视、观察。

【译文】 大聪明的人，在遇到小事情时一定显得模糊；大糊涂的人，在遇到小事情时一定会细致地侦视观察。这是因为对小事情观察入微乃是糊涂的根源，而对小事情模糊则正是产生大聪明的根本所在。

一四八

大烈鸿猷[①]，常出[②]悠闲镇定之士，不必忙忙[③]；休征景福[④]，多集宽洪长厚之家，何须琐琐[⑤]。

【注释】 ①大烈鸿猷：宏伟的功业，远大的谋划。②出：出自于，从……出。③忙忙：急、骤然。④休征景福：吉兆大福。⑤琐琐：（注重）细小卑微的事情。

【译文】 宏伟的功业，远大的谋画，常常出自于悠闲镇定的人士，何必一定要显得急急匆匆；吉祥的预兆，极大的福运，经常集中在宽宏长厚的人家，何必计较那些细小卑微的事情。

一四九

贫士肯济人[①]，才是性天[②]中惠泽；闹场能学道，方为心地[③]上工夫。

【注释】 ①济：救助。②性天：人得自于自然的本性。惠泽：恩泽、德泽。③心地：佛教认为三界（欲界、色界、无色界）唯心，心如滋事万物的大地，能随缘生一切诸法，故称心地。

【译文】 贫穷的人士肯救助别人，这才称得上是人本性中产生的恩泽；热闹的场所能学习道业，这才算得上是人心地上生成的功夫。

一五〇

人生只为“欲”字所累，便如马如牛，听人羁络[①]；为鹰为犬，任物[2]鞭笞。若果一念清明[3]，淡然无欲，天地也不能转动我，鬼神也不能役使我，况一切区区事物乎？

【注释】 ①羁络：（戴上）马笼头。②物：除我之外皆为物，此指别人。③一念：佛教名词，指极短促的时间。《仁王般若经》上曰：“九十刹那为一念，一念中之一刹那，经九百生灭。”清明：谓神态思虑清晰明朗。《荀子·解蔽》：“虚壹而静，谓之大清明。”

【译文】 人生在世只因为被“欲”字所牵累，便如牛如马，被人套上笼头不得自由；做鹰做狗，被人役使，任人鞭打。如果能在极短的时间内明白过来，淡淡地没有了欲望，那就天地也不能指挥我，鬼神也不能役使我，何况一些区区的小事物呢？

一五一

贪得者身富而心贫[1]，知足者身贫而心富[2]，居高者形逸而神劳，处下者形劳而神逸。孰得孰失，孰幻[3]孰真，达人当自辨之。

【注释】 ①心贫：内心空虚。②心富：内心充实。③幻：虚幻。

【译文】 贪得无厌的人财产是富足的，但内心是空虚的，知道满足的人财产是缺乏的，但内心是充实的；身居高位的人形体是安逸的，但精神是劳损的，处于下层的人形体是劳损的，但精神是安逸的。什么得到了，什么失掉了，什么是虚幻的，什么是真实的，明达之士自己去分辨吧！

一五二

众人以顺境为乐，而君子乐自逆境[1]中来；众人以拂意[2]为忧，而君子忧从快意处起。盖众人忧乐以情，而君子忧乐以理也。

【注释】 ①逆境：不顺利的境遇，陆游《赠湖上父老十八韵》：“吾生行逆境，平地九折印。”②拂意：违背意愿。

【译文】 一般人都以顺利的境遇为快乐，然而君子的快乐却从不顺利的境遇中来；一般人都以违背意愿为忧虑，但君子的忧愁却产生在快乐得意之时。这是因为一般人的忧愁与快乐是因为感情而产生，而君子的忧愁与快乐却是由理性来决定的。

一五三

谢豹覆面[①]，犹知自愧；唐鼠易肠[②]，犹知自悔。盖愧、悔二字，乃吾人去恶迁善之门，起死回生之路也。人生若无此念头，便是既死之寒灰，已枯之槁木矣[③]。何处讨些生理？

【注释】 ①谢豹：虫名。传说出于虢州的能穴地的小动物，见人时以两只前脚覆首，如羞愧之状。事见唐段成式《酉阳杂俎·谢豹》："虢州有虫名谢豹，常在深土中，小类虾蟆而圆如球。见人以前两脚交覆首如羞状……出地听谢豹鸟声，则脑裂而死。俗因名之。"②唐鼠：鼠名。传说古代唐房升仙时，将鸡犬都带走，唯将鼠留下，因为鼠在人间作恶太多，为此唐室的鼠每月吐出肠子三次，表示悔悟。③寒灰槁木：《庄子·齐物论》："形固可使如槁木，而心固可使如死灰乎？"言寂寞无情。

【译文】 谢豹虫见人以前脚覆面，好像自己知道惭愧；唐鼠一月三吐其肠，好像自己知道后悔。因为惭愧、后悔二词，是我们去恶回善之门，起死回生之路。人生假如没有这个念头，便是已经冷掉的死灰，已经枯掉的槁木，到什么地方去找一条生路？

一五四

异宝奇珍，俱是必争之器；瑰节奇行[①]，多冒不祥之名。总不若寻常历履[②]，易简行藏[③]，可以完天地浑噩[④]之真；享民物和平之福。

【注释】 ①瑰（guī）节奇行：不凡的节操与行为。"奇"多作"琦"。瑰，美石。琦，美玉。②历履：即履历。行步所至，引申为经历。③易简：即简易。行藏：《论语·述而》："子谓颜渊曰：'用之则行，舍之则藏，唯吾与尔有是夫！”谓出仕即行其所学之道，退隐则藏道以待时机。后因以指出处或行止。④完：保全。浑噩：汉扬雄《法言·问神》：“虞夏之书浑浑尔，商书浩浩尔，周书噩噩尔。”浑浑，淳厚质朴貌。噩噩，严肃正大貌。后因称上古淳朴为浑噩之世。

【译文】 奇异的珍珠宝贝，都是些一定会被人抢夺的器物，不凡的节操与行为，大多曾经得不到人们的理解。总不如平常的生活经历、简易的行动举止，可以保全天地淳朴的真气，享受民间万物和平的福气。

一五五

福善不在杳冥[①]，即在食息起居处牖其衷[②]；祸淫不在幽渺[③]，即在动静语默间夺其魄。可见人之精爽[④]常通于天，天之威命[⑤]即寓于人。天人岂相远哉？

【注释】 ①杳冥：高远不可见的地方。②牖（yǒu）其衷：启发或开导他的内心。牖：引导，通“诱”。《诗·大雅·板》“天之牖民”传：“牖，道（导）也。”疏：“牖与诱古字通用，故以为导也。”③幽渺：深远（的地方）。④精爽：犹精神。《左传·昭七年》疏：“精亦神也，爽亦明也，精是神之未著，爽是明之未昭。”⑤威命：威势与命令。

【译文】 福善并不在高远不可见的地方，就在吃饭休息起居之时启发他的内心；祸淫也不在深远的地方，就在行动静止讲话沉默之时夺走他的魂魄。可见人的精神能时时通于上天，上天的威势与命令也会寄寓于人。难道说上天与人间相隔得远吗？

闲 适[1]

【注释】 ①闲适：清闲安逸。《新唐书·白居易传赞》："居易在元和、长庆时，与元稹俱有名。最长于诗，它文未能称是也；多至数千篇，唐以来所未有。其自叙言，关美刺者谓之讽谕，咏性情者谓之闲适。"

一五六

昼闲人寐，听数声鸟语悠扬[1]，不觉耳根尽彻[2]，夜静天高，看一片云光舒卷[3]，顿令眼界俱空[4]。

【注释】 ①悠扬：形容乐声曼长而和谐。②耳根尽彻：《庄子·外物》："目彻为明，耳彻为聪。"彻：通，透。③舒卷：伸展与收束。④空：佛教术语，因缘所生之法，究竟而无实体叫空。又谓理体之空寂。空界：佛六界之一，谓无边之虚空也。

【译文】 白天空闲人们午睡，听听那非常悦耳动听的鸟叫之声，不禁觉得耳朵边上听到的一切是那么通彻透明；夜色幽静天高气爽，望着月亮边上那伸展收卷的云光，顿时感到心胸开阔，眼睛里看到的一切都是空寂的境界。

一五七

世事如棋局，不着得[1]才是高手；人生似瓦盆，打破了方见真空。

【注释】　①不着得：不下着，即一着也不下。

【译文】　世上之事如同棋局，一着也不下，才是真正高明的棋手；人生之世好像瓦盆，打破了瓦盆，才能真正进入涅槃的境界。

一五八

龙可豢[①]，非真龙；虎可搏，非真虎。故爵禄可饵荣进之辈[②]，必不可[③]笼淡然无欲之人；鼎镬[④]可及宠利之流，必不可加飘然远引之士[⑤]。

【注释】　①豢：喂养牲畜。《礼记·乐记》："豢豕为酒。"②爵禄：爵位和俸禄。饵：引诱。饵食诱鱼上钩，在此用作动词。荣进：进逐荣利。③必不可：一作"决难"。④鼎镬：鼎、镬均为烹任器具，古代刑法以之烹人，遂为酷刑刑具。⑤必不可：一作"岂能"。远引：引退远去。

【译文】　可以喂养的龙，不是真的龙；可以搏斗的虎，不是真的虎。因此爵位和俸禄可以引诱追逐荣利之辈，而一定不能用来笼络恬淡寡欲的人；残酷的刑罚可以吓唬那些邀宠嗜利之流，岂能吓唬那些决意引退远去的人！

一五九

一场闲富贵[①]，狠狠争来，虽得还是失；百岁好光景，忙忙过了，纵寿亦为夭[②]。

【注释】　①闲：大的样子。《诗·商颂·殷武》："旅楹有闲。"②寿：长寿谓之寿。夭：短命谓之夭。

【译文】　一场大富贵，用尽全力争取而来，虽然胜利了可还是像失败了一样；百年好时光，匆匆忙忙地度过了，即使是长寿也和短命是一样的。

一六〇

高车[①]嫌地僻，不如鱼鸟解亲人[②]；驷[③]马喜门高，怎似莺花能避俗？

【注释】 ①高车：车盖高，可立乘之车。《史记·孙叔敖传》：“王必欲高车，臣请教闾里使高其捆。”②鱼鸟解亲人：《世说新语·言语》：“简文入华林园，顾谓左右曰：‘会心处不必在远，翳然林水，便自有濠濮间想也，觉鸟兽禽鱼自来亲人。’”解：能。③驷：四匹马驾一辆车。

【译文】 达官贵人的高盖本不会到偏僻的地方来，还不如鱼儿、鸟儿能亲近人；四匹马驾的车子喜欢往高高的门第里跑，怎能像莺儿、花儿能避开世俗之气？

一六一

红烛烧残[①]，万念自然灰冷；黄粱梦破[②]，一身亦似云浮。

【注释】 ①红烛烧残：喻令人欢喜的事都已结束。②黄粱梦：唐沈既济著传奇《枕中记》载：卢生于邯郸旅店遇道士吕翁，卢自叹穷困，翁乃授之枕，使入梦。生梦中历尽富贵荣华，及醒，主人炊黄粱尚未熟。后以喻富贵荣华终归虚幻。

【译文】 等到红红的蜡烛烧光了，心中各种念头自然会如死灰般冰冷；待到黄粱之梦醒来，觉得一生经历全似白云飘浮终归虚幻。

一六二

千载奇逢，无如好书良友；一生清福，只在碗茗[①]炉烟。

【注释】 ①茗：茶的通称。

【译文】 千年以来的奇遇；比个上好的书本和知心的朋友；一生之中的清福，就只在一杯清茶和一炉香烟。

一六三

蓬茅下诵诗读书，日日与圣贤晤语，谁云贫是病[①]？樽罍边幕天席地[2]，时时共造化氤氲[3]，孰谓醉非禅[4]？

【注释】 ①病：缺点，毛病。②樽罂（zūn yīng）：在此指饮酒。樽同尊，盛酒器。罂：陶制的盛流质的容器。幕天席地：以天为幕，以地为席。喻旷达飘逸生活。③氤氲：指天地阴阳之气的聚合。④禅（chán）：梵语“禅那”的省称。意译为“思维修”，禅定，静思自虑之意。

【译文】 茅草屋下诵诵诗歌读读经书，每天与圣人贤人会晤谈话，谁说贫困是毛病？酒樽旁边以天为幕以地为席，时刻与自然万物聚合见面，谁说酒醉不是禅定？

一六四

兴来醉倒落花[1]前，天地即为衾枕，机息[2]坐忘[3]盘石上，古今尽属蜉蝣[4]。

【注释】 ①兴：兴致，兴会。《晋书·王徽之传》：“乘兴而来，兴尽便返。”醉倒：一本作“稳睡”。②机：指人的心机、谋划。③坐忘：端坐而全忘一切物我、是非差别的精神状态。④蜉蝣（fú yóu）：一种小飞虫，成虫仅能生存几个小时。极言时间短暂。

【译文】 兴致来临之时，喝醉了酒睡在落花之前，天与地就是被子与枕头，心机停息之时，端坐在盘石之上，完全忘了一切物我、是非差别，从古到今，一切都像渺小短暂的蜉蝣一般。

一六五

昂藏老鹤虽饥，饮啄犹闲[1]，肯同鸡鹜之营营[2]竞食？偃蹇[3]寒松纵老，丰标[4]自在，岂似桃李之灼灼[5]争妍？吾人适志于花柳烂漫之时，得趣于笙歌腾沸之处，乃是造化之幻境，人心之荡念也。须从木落草枯之后，向声希味淡之中觅得一些消息，才是乾坤的橐籥[6]，人物的根宗。

【注释】　①昂藏：气度轩昂，气宇轩昂。闲：通“娴”，文雅的样子。②鹜：家鸭。营营：驰逐的样子。③偃蹇（yǎn jiǎn）：屈曲。④丰标。谓风度、仪态。⑤灼灼：光彩鲜明的样子。⑥荡念：放纵的想法。⑦橐龠（tuó yuè）：古代冶炼时用以鼓风吹火的装备，类似后来之风箱。比喻为事物发展的动力与源泉。

【译文】　气宇轩昂的老鹳虽然饥渴，但喝水啄食还是显得文雅，怎么会像鸡鸭那样驰逐争夺食物？枝干屈曲的寒松即使老了，风度仪态还是依然存在，哪里像桃李那样光彩鲜明地争着比美？现在我们有些人在花柳烂漫之时感到十分适意，在笙歌腾沸之处感到无限乐趣，这些都是大自然的幻化境界，人心放荡的想法啊！必须在木落草枯之后，在声希味淡之中领悟人生道路的一些关键，这才是宇宙的源泉、做人的根本。

一六六

静处观人事[①]，即伊吕之勋庸[②]，夷齐之节义[③]，无非大海浮沤[④]，闲中玩物情，虽木石之偏枯，鹿豕之顽蠢，总是吾性真如[⑤]。

【注释】　①静：静也，动之对，不动即静。《易·坤·文言》：“坤至柔而动也刚，至静而德方。”人事：人世间的各种事情。②伊吕：伊尹佐商汤、吕尚佐周武王，都是开国元勋。常并称以颂扬人的地位和功业。勋庸：功勋。③夷齐：伯夷和叔齐是商孤竹君的两个儿子。孤竹君遗命立次子叔齐为继承人。孤竹君死后，叔齐让位给伯夷，伯夷不受，相互推让，都逃避到周国。武王伐纣，两人叩马谏阻。灭商后，两人耻食周粟，逃首阳山采薇而食，饿死山中。封建社会里长期把他俩作为高尚守节的典型。④沤：水中气泡。⑤真如：佛教术语，真者真实之义，如者如常之义，诸法之体性离虚妄而真实，故云真，常住而不变不改，故云如。

【译文】　在静止的时候观看人世间的各种事情，即使是伊尹、吕尚的功勋，伯夷、叔齐的节操，也无非是大海中的气泡；在空闲的时候赏观世间万物的情态，即使像木头石块的偏斜干枯，麋鹿、猪羊的顽皮愚蠢，总是我们真实如常的本性。

一六七

花开花谢春不管，拂意[1]事休对人言；水暖水寒鱼自知[2]，会心处还期[3]独赏。

【注释】 ①拂意：逆意，不如意。②“水暖”句：《景德传灯录·袁州道明禅师》：“师曰：‘某甲虽在黄梅随众，实未审自己面目，今蒙指入处，如人饮水，冷暖自知，行者即是某甲师也。’”后来有的用为“如鱼饮水，冷暖自知”，以喻亲身经验理解最为明白亲切。③期：希望。

【译文】 花儿开放花儿谢去，春天实际上是不管的，碰到不如意的事情不要与人去说，江水暖和江水寒冷，鱼儿自己是会知道的，遇到高兴的事情还是希望一个人独自欣赏。

一六八

闲观扑纸蝇[1]，笑痴人自生障碍；静睹竞巢鹊，叹杰士[2]空逞英雄。

【注释】 ①扑纸蝇：蝇趋光亮而扑窗纸，故名。扑：撞击。②障碍：挡住道路，使不能顺利通过，也指阻挡前进的东西。

【译文】 闲中观看趋光扑纸的小虫子，笑那些痴呆之人自己在前进的道路上设置障碍；静心观看为巢窝而争斗的鹊鸟，叹才智超群的人实在没有必要显露自己的英雄行为。

一六九

看破有尽身躯，万境之尘缘[1]自息，悟入无坏境界[2]，一轮之心月[3]独明。

【注释】 ①万境：佛教称一切境界谓万境。尘缘：佛教认为色、声、香、味、触、法为六尘，是污染人心，使生嗜欲的根缘。②无坏境界：佛教称无坏行、坏见，了却坏劫之境界。③心月：心性之明净如月。《菩提心论》：“照见本心，湛然清净，犹如满月，光遍虚空，无所分别。”

【译文】 知道了人生道路总有一天会走到尽头，因此一切境界中能污染人心、使生嗜欲的根缘自然起不了作用；觉悟之后进入无坏行、坏见，了却坏劫的境界，心中自然会升起一轮明净光洁的月亮照亮着前进的道路。

一七〇

土床石枕冷家[①]风，拥衾时魂梦亦爽；麦饭豆羹淡滋味，放箸[②]处齿颊犹香。

【注释】 ①冷家：清贫人家。②箸：筷子。

【译文】 土搭的眠床石块做的枕头，这是清贫人家的家风，在这样的床上夜里盖着被子睡觉，魂魄做梦也感到爽快；粗粮煮的饭豆子做的羹汤，味道虽然淡薄，但吃着这样的饭菜，放下了筷子牙齿脸颊还带着香味。

一七一

谈纷华[①]而厌者，或见纷华而喜，语淡泊[②]而欣者，或处淡泊而厌。须扫除浓淡之见，灭却欣厌之情，才可以忘纷华而甘淡泊也。

【注释】 ①纷华：繁华富丽。②淡泊：恬淡、寡欲。

【译文】 谈到繁华富丽的生活感到厌烦的人，有的见到繁华富丽的生活却非常喜欢；谈到恬淡寡欲的生活感到高兴的人，有的过着恬淡寡欲的生活却感到厌烦。必须清除关于浓艳与清淡的看法，消灭高兴与厌烦的感情，才可以忘掉繁华富丽而心甘情愿地生活在恬淡寡欲的生活之中。

一七二

鸟惊心[①]，花溅泪，怀此热肝肠，如何领取冷风月[②]？山写照，水传神，识吾真面目[③]，方可摆脱幻乾坤[④]。

【注释】 ①“鸟惊心”：杜甫《春望》有“感时花溅泪，恨别鸟惊心”的名句，极写忧怀国事之殷，故下云“热肝肠”。②冷风月：指恬淡生活，冷漠情怀。③真面目：佛教称事物之真相、本相为真面目。④幻乾坤：虚幻世界。佛教认为一切皆空。

【译文】 感时花溅泪，恨别鸟惊心，怀着如此火热的心肠，如何能够领略恬淡生活、冷漠情怀？青山能写照，碧水会传神，只有认识了我们人生的真实面目，才可以彻底摆脱这个虚幻的世界。

一七三

富贵得一世宠荣，到死时反增了一个“恋”字，如负重担；贫贱得一世清苦，到死时反脱了一个“厌”字，如释重枷。人诚[①]想念到此，当急回贪恋之首而猛舒愁苦之眉矣。

【注释】 ①诚：果真，如果。

【译文】 富有尊贵的人一辈子受宠荣耀，到临死之时反而增加了许多留恋这个世界的想法，好像背了一副沉重的包袱；贫穷卑贱的人一辈子清白辛苦，到临死之时反而摆脱了许多厌烦这个世界的想法，好像卸下一副沉重的枷锁。人们如果真的能觉悟到这一点，一定会急速扭回贪恋荣华富贵的头脑，一下子舒展开紧皱的忧愁苦恼的眉头了。

一七四

人之有生也，如太仓[①]之粒米，如灼目[②]之电光，如悬崖之朽木，如逝海[③]之一波。知此者如何不悲？如何不乐？如何看他不破而怀恋生之虑？如何看他不重而贻虚生之羞？

【注释】 ①太仓：京城储粮的大仓。②灼目：光彩耀眼。③逝海：流逝的海水。

【译文】 人生在世，实在是如同太仓中的一粒米，如同光彩耀眼的一道电光，如同悬崖上行将腐朽的枯树，如同流逝的海水中的一个波浪。知道这个道理的人怎么能不悲伤？怎么能不快乐？为什么还要看不穿这一点而怀着贪恋生命的念头？为什么还要看重生命而留下虚度此生的羞愧？

一七五

浮生可见[①]，如梦幻泡影，虽有象[②]而终无；妙[③]本难穷，谓真信灵明[④]，虽无象而常有。

【注释】 ①浮生：谓世事无定，生命短促，是对人生的消极看法。李白《春夜宴从弟桃花园序》："光阴者，百代之过客也。而浮生若梦，为欢几何？"②有象：存在着形体状貌。下文无象与之相反。③妙：梵语"曼乳"义译。佛教称（好得）不可思议、无法比拟谓之妙。《法华玄义》："妙者褒美不可思议之法也。"④真信：真实的、实在的。信，真。灵明：佛教指人的灵性光明。

【译文】 虚浮的人生可以看得见，好像是梦的幻觉和水的泡影，虽然有着形体状貌，然而终将归于没有；妙法的根本是很难追寻得到的，如果说真的相信人有灵性光明，即使没有形体状貌，然而总归是存在着的。

一七六

鹬蚌相持[①]，兔犬共毙[②]，冷觑来令人猛气全消；鸥凫共浴[③]，鹿豕同眠[④]，闲观去使我机心[⑤]顿息。

【注释】 ①鹬（yù）蚌相持：《战国策·燕策》："赵且代燕，苏代为燕谓惠王曰：今者臣来，过易水，蚌方出曝，而鹬啄其肉，蚌合而钳其喙。鹬曰：'今日不雨，明日不雨，即有死蚌。'蚌亦谓鹬曰：'今日不出，明日不出，即有死鹬。'两者不肯相舍，渔者得而并擒之。今赵且伐燕，燕赵久相支，以弊大众，臣恐强秦之为渔夫也。"后以喻双方相争不下而第三者得利。鹬，水鸟名。②兔犬共毙：即兔死狗烹。打猎用狗获兔，兔尽之后狗已无用，烹而食之。此言犬捕兔虽不遗余力，而自己终亦死猎人之手。③鸥凫共浴：写鸥凫浴水。④鹿豕同眠：《孟子·尽心上》："舜之居深山之中，与木石居，与鹿豕游，其所以异于深山之野人者几希?”此句与上句均表示物我相睦无争。⑤机心：心计。

【译文】 鹬蚌相争、渔翁得利，兔犬相逐、兔死犬烹，冷眼看来，使人勇猛之气全然消失；鸥鸟凫鸟，同浴一水，奔鹿野豕，相睦无争，悠闲皆乐，使我智巧心计顿时息灭。

一七七

迷则乐境成苦海，如水凝为冰；悟则苦海为乐境，犹冰涣作水。可见苦乐无二境；迷悟非两心。只在一转念间耳。

【译文】 如果执迷不悟，那么快乐的生活环境也会变成无边的苦海，好像河水冻成了冰块；如果明了觉悟，那么无边的苦海也会变成快乐的生活环境，好像冰块化成了水。可见痛苦与快乐不是两个境界，执迷与觉悟属于同一个心田，只是在一个转念之间罢了。

一七八

遍阅人情，始识疏狂之足贵；备尝世味，方知淡泊之为真。

【译文】 看遍了人间的情形，才认识到粗疏狂放、保持人的本性实在是值得珍贵的；尝遍了世上的滋味，才知道恬淡寡欲实在是世界上最真实的。

一七九

地宽天高，尚觉鹏程之窄[①]小；云深松老，方知鹤梦之悠闲。

【注释】 ①“尚觉”句：《庄子·逍遥游》：“北冥有鱼，其名为鲲。鲲之大，不知其几千里也。化而为鸟，其名为鹏。鹏之背不知其几千里也。怒而飞，其翼若垂天之云。是鸟也，海运则将徙于南冥，南冥者，天池也。”然较之以天地之大，又微不足道。

【译文】 天是如此之高，地是如此之宽，虽然鹏程万里，然较之以天地之大也显得微不足道；云是如此之深，松是如此之老，只有来到深山，才会感到隐居生活如同鹤梦那样悠闲。

一八〇

两个空拳握古今，握住了还当放手；一条竹杖挑风月，挑到时也要息肩。

【译文】 两个空拳能够掌握古代与今天，虽然握住了终究必须松手；一条竹杖能够挑上清风和明月，等到挑到之后还是要放下的。

一八一

阶下几点飞翠落红[①]，收拾来无非诗料；窗前一片浮青映白[②]，悟入处尽是禅机[③]。

【注释】 ①飞翠落红：风儿吹来的绿叶，坠落的红花。②浮青映白：青青的荷叶映衬着白白的莲花。③悟入：佛教称参悟入道为悟入。禅机：静虑修得（指欲界）或生得（指色界）的自有的机缘。

【译文】 台阶下面有几片风儿吹来的绿叶和树上坠落的红花，收拾起来没有不可以成为作诗的材料的；窗户前面有一片青青的荷叶映衬着白白的莲花，悟道之时全部都可以作为静修的机缘。

一八二

忽睹天际彩云，常疑好事皆虚事；再观山中古木，方信闲人是福人。

【译文】 忽然看见天边飘来一朵彩云，经常怀疑世上的好事全部都是虚幻的；再来看看山中古老的树木，这才相信清闲之人就是有福之人。

一八三

东海水曾闻无定波，世事何须扼腕[①]；北邙山[②]未省留闲地[③]，人生且自舒眉[④]。

【注释】 ①扼腕：以手握腕，表示激怒、振奋或惋惜。②北邙山：在今河南洛阳市东北。汉魏以来，王侯公卿贵族多葬于此，后因以泛指墓地。③省：察看，检查。《论语·学而》："吾日三省吾身。"④舒眉：舒展眉宇，此指露出安逸、宽心的神色。

【译文】 曾听说东海之水没有固定的波涛，碰到世上有什么不平之事不必激怒振奋；不知北邙山有无留有空闲的墓地，人生活在世界上还应该舒展眉宇。

一八四

天地尚无停息，日月且有盈亏，况区区人世，能事事圆满而时时暇逸[①]乎？只是向忙里偷闲，遇缺处知足，则操纵在我，作息自如，即造物[②]不得与之论劳逸，较亏盈矣。

【注释】 ①暇逸：悠闲逸乐。②造物：创造万物。在此指造物者，即指宇宙天地。

【译文】 天地从不停息，日月还有圆缺，况且我们区区人生，能够每一件事情都圆满、每一个时刻都悠闲逸乐吗？只要是忙中能够偷得闲乐，遇到缺乏之时则用知足的心情来对待它，那么控制支配自己的权力就掌握在自己手中，工作、休息，一切自如，纵使是宇宙天地都不得与之讨论安逸劳累，比较亏缺盈余了。

一八五

心游[①]瑰玮之编，所以慕高远；目想清旷之域，聊以淡繁华[②]。于道虽非大成，于理亦为小补。

【注释】 ①心游、目想：即目游、心想，相对为文。即"目游瑰玮之编，所以慕高远；心想清旷之城，聊以淡繁华。"瑰玮：即瑰伟：奇伟、卓异。曹植《酒赋序》："余览扬雄《酒赋》，辞甚瑰伟。"清旷：清新空阔。②淡繁华：使繁华平淡，即把繁华看得平淡。

【译文】 读读那些奇伟卓异的著作，可以使人志向高远；想想那些清新空阔的原野，可以使人对于富丽繁华看得平淡些。这些对于“道”来说，虽然不是什么大的成就，可是对于“理”来说，也是小小的补充。

一八六

霜关闻鹤唳，雪夜听鸡鸣，得乾坤清纯之气；晴空看鸟飞，活水观鱼戏，识宇宙活泼之机。

【译文】 降霜之时听听野鹤的叫声，下雪之夜听听公鸡的叫声，能够领会到乾坤之内清纯的气象；晴空万里看到鸟儿飞翔，流动的水中看到鱼儿游泳，可以认识得到宇宙之内活泼的机心。

一八七

闲烹山茗听瓶声，炉内识阴阳之理；漫履楸枰[①]观局戏，手中悟生杀之机。

【注释】 ①漫履：犹言漫步。履，踏。楸枰：棋盘古代多以楸木做，故称。枰，棋盘。

【译文】 空闲烹茶听听茶瓶里的声音，可以识得炉子里面阴阳的道理；随意走去看看棋盘里的游戏，可以了悟握在手中的生杀大权。

一八八

芳菲园林看蜂忙，觑[①]破几般尘情世态；寂寞衡茅观燕寝[②]，引起一种冷趣幽思。

【注释】 ①觑（qù）：窥。②衡茅：衡，衡门，横木为门。茅，茅屋，指清贫陋室。燕寝：燕卧巢中。前言蜂以芳菲而忙，此言燕子寂寞而卧，故能看破尘情世态，顿生幽趣。

【译文】 芳香的园林里看蜜蜂在匆匆地忙碌，使人看破几丝尘世的情态；寂寞的草屋里面看那燕子卧在巢中，使人引起一种冷冷的情趣与无限的幽思。

一八九

会心不在远[①]，得趣不在多。盆池拳石间，便居然有万里山川之势；片言只语内，便宛然见万古圣贤之心。便是高士的眼界，达人的胸襟。

【注释】 ①会心：领悟、领会。《世说新语·言语》：“简文入华林园，顾谓左右曰：‘会心处不必在远，翳然林水，便自有濠、濮间想也。”

【译文】 领悟不必在远，会意不必在多。小小的池子拳头大的石头中间，便可看得见万水千山的势头；片言只语之内，便好像见到了古代圣人贤人的心思。这样才可算得上高明之士的眼界，明达之人的胸怀。

一九〇

心与竹俱空，问是非何处安脚[①]？貌偕松共瘦，知忧喜无由[②]上眉。

【注释】 ①“问是”句：言心空自无所谓是非。安脚：驻足，落脚。②无由：没来由，无从。言忧喜全无。

【译文】 人心与毛竹一样都是空的，问问看这“是非”两字还能在什么地方落脚？相貌同松树一样都是瘦的，知道这“忧喜”二色无从爬到眉毛之上。

一九一

趋炎虽暖，暖后更觉寒威；食蔗能甘，甘馀便生苦趣。何似养志于清修[①]而炎凉不涉，栖心于淡泊而甘苦俱忘，其自得为更多也。

【注释】 ①养志：涵养高尚志趣。清修：品行高洁。

【译文】 靠近炎热的炉子虽然能够使人感到暖和，但是温暖之后更加感到天气的寒冷；吃了甘蔗之后能够使人产生甘甜的味道，但是甘甜过后便会生出一种苦涩的趣味。还不如在品行高洁方面培养自己的高尚情操，无论炎热与冰凉都不去涉足，在恬淡寡欲方面安息自己的心思，并将甘甜和苦涩全部忘掉，这样自己得到的就会更加多了。

一九二

席拥飞花落絮，坐林中锦绣团褥[①]；炉烹白冒清冰，熬天上玲珑液髓[②]。

【注释】 ①团褥：圆褥子。比喻所落花絮极厚。②玲珑液髓：传说天上仙人所饮皆玉液琼浆。言一旦悟彻，冰雪亦即液髓也。

【译文】 席子边上全是飞落的花絮，坐着树林当中的锦绣团褥；炉子里面烹着清洁的冰雪之水，就像熬着天上的玉液琼浆。

一九三

逸态闲情，惟期自尚[①]，何事外修边幅[②]？清标[③]傲骨，不愿人怜，无劳多买胭脂。

【注释】 ①惟期自尚：只是希望自尊。②事：何须从事。边幅：本指布帛的边缘，借喻人的仪表、衣着。③清标：清雅的风度、格调。

【译文】 隐居安闲，情态优雅，只是希望自尊自重，为什么要从事修饰人的仪表与衣着？风度清雅，骨气高傲，不愿得到别人爱怜，不需要多买胭脂与白粉。

一九四

天地景物，如山间之空翠[①]，水上之涟漪[②]，潭中之云影，草际之烟光，月下之花容，风中之柳态，若有若无，半真半幻。最足以悦人心目而豁[3]人性灵，真天地间一妙境也。

【注释】 ①空翠：空蒙青翠。②涟漪：水面微波。③豁：开阔。

【译文】 天地之间的景物，比如山间的空蒙青翠，水上的微微波纹，深潭中的云影，草际的烟雾云光，月光之下花儿的容颜，微风之中柳枝的姿态，好像是有的，又好像是没有的，半是真的，半是虚的，最足以使人感到赏心悦目，又足以开阔人的性灵，真是天地间的一个美妙境界。

一九五

乐意相关禽对语，生香不断树交花[1]，此是无彼无此之真机。野色更无山隔断，天光常与水相连，此是彻上彻下之真境。吾人时时以此景象注之心目，何患心思不活泼，气象不宽平？

【注释】 ①此联语出自宋石延年《金乡张氏园亭》诗，曾获朱熹、晁补之等人的赞赏。

【译文】 “乐意相关禽对语，生香不断树交花”，这是无他无我的真实机心：“野色更无山隔断，天光常与水相连”，这是彻上彻下的真实境界。我们时常以这个景象注入心目中去，还担心什么心思不活泼，气象不宽平？

一九六

鹤唳雪月霜天[1]，想见屈大夫醒时之激烈[2]；鸥眠春风暖日，会知陶处士醉里之风流[3]。

【注释】 ①“鹤唳”句：《风土记》曰：“鹤鸣戒露，此鸟性警，至八月白露降，流于草上，滴滴有声，因即高鸣相警，移徙所宿处，虑有变害。”②屈大夫醒时：屈原，名平，又名正则，字灵均，战国时楚人。怀王时任左徒、三闾大夫。主张联齐抗秦。后历遭谗谤，贬谪江南，见国政腐败，挽救无门，遂投汨罗江自尽。诗作对后世影响甚广。“醒时”一本作“独醒”，屈原所作《渔父》中有“举世皆浊我独清，众人皆醉我独醒，是以见放”的句子。③陶处士：陶潜，一名渊明，字元亮。晋浔阳人。为彭泽令，因不能“为五斗米折腰”而弃官归隐，故称其为处士（隐士）。醉里：陶潜嗜酒，其《五柳先生传》称：“性嗜酒，家贫，不能常得，亲旧知其如此，或置酒而招之。造饮辄尽，期在必醉。既醉而退，曾不吝情去留。”

【译文】　下雪降霜的天气里听见野鹤鸣叫，使人想起屈原大夫独醒时的壮怀激烈；春风和暖的日子里看着鸥鸟睡眠，领会知晓陶潜处士酒醉时的超逸风度。

一九七

黄鸟情多[①]，常向梦中呼醉客[②]；白云意懒，偏来僻处媚[③]幽人。

【注释】　①情多：一本作“多情”。②醉客：一本作“骚客”。③媚：巴结，逢迎。

【译文】　黄鸟真是多情，常常高声歌唱，叫醒梦中醉客；白云本来意懒，偏偏飘到僻处，巴结隐居之人。

一九八

栖迟[①]蓬户，耳目虽拘[②]而神情自旷；结纳山翁，仪文虽略而意念常真。

【注释】　①栖迟：淹留，即延留。②拘：受限制。

【译文】　淹留在茅房之中，目力听力虽然受到一些限制但精神情操显得十分旷达；结交了山翁为友，仪表辞采虽然欠好，但意志思想却都显得那么真诚。

一九九

满室清风满几月，坐中物物见天心[①]；一溪流水一山云，行处时时观妙道。

【注释】　①天心：上天的心意。此言天之生物有数，任何东西皆显现上天意志。

【译文】　满室的清风，满桌的月光，座位中每一件东西都显现着上天的心意；一溪的流水，一山的云朵，所到之处时时刻刻可观看要妙之道。

二〇〇

炮凤烹龙[①]，放箸时与齑盐[②]无异；悬金佩玉[③]，成灰处共瓦砾何殊？

【注释】　①“炮凤”句：形容豪奢珍贵的肴馔。②齑（jī）盐：指廉价的素食。③“悬金”句：唐韩愈《示儿》诗：“不知官高卑，玉带悬金鱼”，此指为官之尊荣华贵。

【译文】　油烹的龙凤之肉该是多么豪奢珍奇的食物，可是放下筷子后感觉与廉价的素食一样，挂着金印带着玉佩，做官是何等尊荣华贵，可是人死之后这一切与瓦砾有什么不同？

二〇一

扫地白云来[①]，才着工夫便起障[②]；凿池明月入，能空境界自生明。

【注释】　①扫：画、抹，张祜《集灵台》诗：“却嫌脂粉污颜色，淡扫蛾眉朝至尊。”②着：用、下、注。白居易《府酒》诗：“十千一斗犹赊饮，何况官供不着钱。”障：通“幛”、画轴。杜甫《题李尊师松树障子歌》：“手提新画青松障。”

【译文】　白云来画地，才下功夫便成画轴；明月入清池，能使空的境界自生光明。

二〇二

造化[①]唤作小儿，切莫受渠[②]戏弄；天地原为大块[③]，须要任我炉锤[4]。

【注释】 ①造化：谓运气、福分、命运。高文秀《黑旋风》第二折："今日造化低，惹场大是非。"《庄子·大宗师》："今一以天地为大炉，以造化为大冶。"②渠：他。③大块：大自然。《庄子·齐物论》成玄英疏："大块者，编物之名，亦自然之称也。"④炉锤：炉冶锤炼。

【译文】 命运实在是一个小儿，千万不要受他的捉弄；天地原来也是自然，必须要让我炉冶锤炼。

二〇三

想到白骨黄泉，壮士之肝肠自冷；坐老清溪碧嶂，俗流之胸次[1]亦闲。

【注释】 ①胸次：胸怀、胸间。次，处。

【译文】 想到人死之后的白骨黄泉，热血有志之士的肝肠也自然会变得冷淡；一直生活在青山碧水之间，世俗之士的心胸也会变得消闲。

二〇四

夜眠八尺[1]，啖日二升[2]，何须百般计较；书读五车[3]，才分八斗[2]，未闻一日清闲。

【注释】 ①八尺：指八尺床。《晋书·何曾传》："曾进太宰侍中如故，赐钱百万，绢五百匹及八尺床、帐、簟、褥。"白居易诗："轻纱一幅巾，独卧八尺床。"②啖（dàn）：啗，吃。二升：指一天的粮食。③五车：言书极多。《庄子·天下》："惠施多方，其书五车。"后以之称赞人之博学。④八斗：言才华出众。宋人《释常谈》中说南朝梁谢灵运说天下共有才一石，曹植独占八斗，他自己得一斗，天下共分一斗。

【译文】 夜睡八尺床，日吃二斤粮，有什么事情值得与人斤斤计较？书读了极多，才华又出众，但是没有听说他曾有一日清闲。

菜根谭

（后集）

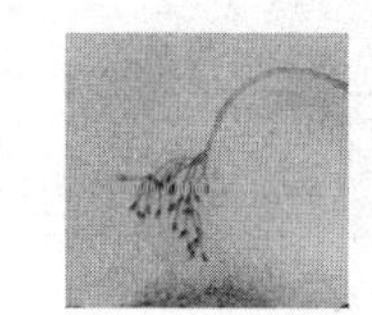

概论[①]

【注释】 ①概论：一概而论。宋陈鹄《耆旧续闻》卷八：“今诸郡产茶去处，上品者亦多碧色，又不可以概论。”

一

君子之心事[①]，天青日白[②]，不可使人不知；君子之才华[③]，玉韫珠藏[④]，不可使人易知。

【注释】 ①心事：心态。岳飞《小重山》词：“欲将心事寄瑶琴，知音少，弦断有谁听。”也指忧思。②“天青”句：如青天白日，人人开眼可见。③才华：表现于外的才能，多指文才。李商隐《宋玉》诗：“何事荆台百万家，惟教宋玉挖才华？”④“玉韫（yùn）”句：如珠玉宝物，应该深藏。韫：蕴藏。

【译文】 君子的心态，应当如同青天白日，人人开眼可见，不可使人不知道，君子的才能，应当如同珠玉宝物，应该深深珍藏，不可使人轻易知道。

二

耳中常闻逆耳之言[①]，心中常有拂心[②]之事，才是进德修行之砥石[3]。若言言悦耳、事事快心，便把此生埋在鸩毒[4]中矣。

【注释】 ①逆耳之言：《说苑·正谏》"良药苦口利于病，忠言逆耳利于行"，《史记·留侯世家》亦引此语。逆耳，刺耳。②拂心：违背意愿，不顺心。③砥石：磨刀石。刀剑于砥石常磨而后利。④鸩(zhèn)毒：毒酒。鸩是一种有毒的鸟，其羽浸酒有剧毒。

【译文】 耳朵之中经常听到些刺耳的话语，头脑之中经常有些违背意愿的事情，这些都是进德修业的磨石。假如每句话都顺耳动听，每件事情都顺心痛快，便把一辈子埋葬在毒酒之中了。

三

疾风怒雨，禽鸟戚戚[1]；霁月光风[2]，草木欣欣。可见天地不可一日无和气[3]；人心不可一日无喜神[4]。

【注释】 ①戚戚：愁苦，悲哀。《论语·述而》："君子坦荡荡，小人长戚戚。"②霁月光风：雨后尘埃涤尽，月光如洗；阳光和煦，清风徐来。后以之喻心胸和易坦率。霁，雨止。宋刘克崖《后村集·刘应龙监察御史制》："尔仁而有勇，和而不流，接物见霁月光风，持身则严霜烈日。"③和气：和顺、谐和之气。④喜神：旧时星相家所称的吉神，这里指欢快喜悦的心情。

【译文】 在狂风暴雨的日子里，连禽兽草木都感到愁苦悲哀，心中难受，而在雨过天晴后的明月中，在雨止日出、日丽风和的景象里，则禽兽草木都感到兴致勃勃，生意盎然。由此可见，天地之间不可一天没有和谐的气象，人们心中也不可一天没有欢快喜悦的心情。

四

醲[1]肥辛甘非真味，真味只是淡；神奇卓异[2]非至人，至人[3]只是常。

【注释】 ①醲(nóng)：性烈味浓的酒。②卓异：卓越超众，不同一般。③至人：道德学问尽善尽美的人。

【译文】　浓烈、肥美、辛苦、甘甜，这一切都不是真正好的味道，真正好的味道只是平淡；异乎寻常、卓越超群的人并不是尽善尽美的人，尽善尽美的人就是平常的人。

五

夜深人静，独坐观心[①]。始觉妄穷而真独露[②]，每于此中得大机趣[③]；既觉真现而妄难逃，又于此中得大惭忸[④]。

【注释】　①观心：观察心性。佛教以心为万法的主体，无一事在心外，故观心即能究明一切事（现象）理（本体）。《十不二门指要钞》上说："盖一切教行，皆以观心为要。"②真、妄：真是真心，妄是妄心，佛教称为"二心"，真心是众生本来就有的如来藏心，真净明妙，离虚妄之想者。妄心：为起念而分别生一切种种之境界者。穷：尽、极。③机：佛教术语。常曰机根、机缘。机缘，佛教指众生皆有喜根，时机成熟，起信佛之缘，而得正果。《金光明最胜王经》一《如来寿量品》："随其器量，善应机缘，为彼说法，是如来行。"④忸：忸怩，羞愧的样子。

【译文】　夜深人静，独自打坐以观察心性，开始感觉到妄心已尽而真心独存，常于此时感到能得正果的趣味；但是接着又觉得真心虽现但妄心难除，因此往往又感到十分的惭愧忸怩。

六

恩[①]里由来生害，故快意时须早回头[②]；败后或反成功，故拂心处切莫[③]放手。

【注释】　①恩：德惠、情爱。由来：即来由。②快意：谓心意畅快。陈师道《绝句》："书当快意读易尽，客有可人期不来。"③切莫：一本作"莫便"。

【译文】　德惠与情爱从来都是生害的原因，因此心意畅快的时候要及早回头；失败之后有时反而会获得成功，因此心事违拗之时千万不要灰心丧气。

七

藜口苋肠者多冰清玉洁[①]；衮衣玉食者[②]甘婢膝奴颜。盖志以淡泊明[③]，而节从肥甘丧矣。

【注释】 ①藜（lí）：草名，一名莱。藜初生可食，贫穷者以之为食。苋（xiàn）：菜名，亦入药。藜苋：均指野菜。以藜苋充口腹，指贫穷者。冰清玉洁：比喻人品高洁。《艺文类聚》引曹植《光禄大夫荀侯诔》："如冰之清，如玉之洁，法而不威，和而不亵。"②衮衣：古代王公贵族穿的绣龙的礼服。玉食：美食。衮衣玉食者指富贵者。③"盖志"句：高尚的情操志趣是在恬淡的生活中涵养显现的。诸葛亮《诫子书》："非淡泊无以明志，非宁静无以致远。"

【译文】 以藜苋充口腹的人大多人品高洁；穿龙袍吃美食的人甘心于奴颜婢膝。人的志向大多因为恬淡寡欲而得到明确，而节操品德却在肥美甘甜的生活中失去。

八

面前的田地[①]要放得宽，使人无不平之叹；身后的惠泽要流得长[②]，使人有不匮[③]之思。

【注释】 ①面前：与下文"身后"对，即指当前在世时。田地：即心田、心地。心田即心。佛教认为三界唯心，心如滋生万物的大地，能随缘生一切诸法，故称心地。②长：一本作"久"。③不匮：不缺乏，无穷尽。

【译文】 人生在世之时，心胸要放得宽广，使得别人不会产生不平的叹息；生命终结之后，恩泽要流得长久，使得人们产生没有穷尽的哀思。

九

路径[①]窄处，留一步与人行；滋味浓的，减三分让人嗜。此是涉世一极乐法[2]。

【注释】 ①路径：一本作“径路”。②涉世：处世，即生活在社会中。极乐：佛土名，阿弥陀佛之国土，又作安乐、无量清净土、无量光明土、莲花藏世界等。谓诸事具足圆满，惟有乐而无有苦。极乐，一本作“极安乐”。

【译文】 道路狭窄的地方，要让出一步给别人行走；滋味浓厚的物品，要留出三分让别人品尝。这是人生活在社会上的一种诸事具足圆满的方法。

一〇

作人无甚高远的事业，摆脱得俗情，便入名流；为学无甚增益的工夫，减除得物累[1]，便臻圣境[2]。

【注释】 ①物累：如名誉、私利等束缚身心的世俗欲念。②臻：至，到达。一本作“超”，当指超越。圣境：无所不通的境界。圣：无所不通。《书·洪范》：“睿作圣。”孔传：“于事无不通谓之圣。”

【译文】 做人没有什么高远的功夫，只要能摆脱掉世俗之情，便能进入名流的行列；做学问没有什么增益的功夫，只要减除得名誉私利等世俗欲念，便能到达无所不通的境界。

一一

宠利毋居人前[1]；德业毋落人后；受事毋逾分外，修持毋减分中[2]。

【注释】 ①宠利：恩宠利禄。②“修持”句：修养持身方面该做的应充分做到，一分也不可减少。

【译文】 恩宠利禄不要争在别人前面；品德业务不要落在别人后面；生活待遇不要超越名分之外；修养持身一分也不可减少。

一二

处世让一步为高，退步即进步的张本[1]；待人宽一分是福，利人实利己的根基。

【注释】　①张本：预为布置，为将来的行事准备条件。《左传·隐公五年》："曲沃庄伯以郑人、邢人伐翼，王使尹氏、武氏助之，翼侯奔随。"杜预注："传具其事，为后晋事张本。"

【译文】　生活在世界上，凡事退让一步是高明的决策，退让实际上是为将来前进一步作好准备；对待别人，宽厚一些实际上是积福的行为，对别人有利实际上是对自己有利的根本和基础。

一三

盖世的功劳，当不得一个"矜[1]"字；弥天[2]的罪过，当不得一个"悔"字。

【注释】　①矜：骄傲。②弥天：满天，极言其大。应璩《报东海相梁季然书》："顿弥天之网，收万仞之鱼。"

【译文】　功高天下，抵挡不过"骄傲"二字，一傲慢，所有功劳都会失去；弥天大罪，抵挡不住"后悔"二字，一悔悟，一切罪孽都会消失。

一四

完名美节[1]，不宜独任，分些与人，可以远害全身[2]；辱行污名，不宜全推，引些归己，可以韬光养德[3]。

【注释】　①完名美节：高尚完美的名誉节操。②远害全身：远离灾祸，保全自身。③韬光养德：藏匿光彩，涵养德行。韬光，指人藏才不露。

【译文】　高尚完美的名誉节操，不应该独自享有，分出一些给人，可以远离灾祸，保全自身；屈辱污秽的行为名声，不应该全部推掉，引些归于自己，可以藏匿光彩，涵养德行。

一五

事事要留个有余不尽的意思，便遗物不能忌我，鬼神不能损我。若业必求满，功必求盈[①]者，不生内变，必招外忧。

【注释】 ①求满、求盈：《易·谦》："天道亏盈而益谦，地道变盈而流谦，鬼神害盈而福谦，人道恶盈而好谦。"皆言"谦受益、满招损"之意。

【译文】 样样事情不要求得十分的圆满，都要留有充分的余地，这样造物之主便不会有忌于我，鬼怪神灵不能有损于我；如果每样事情一定都要求圆满，每件功德也要求盈足，那么，即使内部不发生变故，也一定会招致外部来的忧患。

一六

家庭有个真佛，日用[①]有种真道。人能诚心和气，愉色婉言[②]，使父母兄弟间形体[③]两释，意气交流，胜于调息观心[④]万倍矣。

【注释】 ①日用：指日常生活。《诗·小雅·天保》："民之质矣，日用饮食。"②愉色婉言：愉悦的神情，和婉的言词。③形体：一本作"形骸"。④调息：道教利用呼吸来调心养气的方法。观心：佛教称观察心性为观心。佛教以心为万法主体，无一事在心外，故坐禅观心，即可究明一切事理。

【译文】 家庭里面有一个真佛，日常生活有一种真道，大家能有真诚的心意、和平的意气、愉悦的神情、和婉的言词，使父母兄弟之间隔阂消失，意气交流，这样就能胜过道教的调息、佛教的观心一万倍了。

一七

攻[①]人之恶毋太严[②]，要思其堪受；教人以善毋过高，当使其可从。

【注释】 ①攻：指责。《论语·先进》："小子鸣鼓而攻之。"②严：严厉、严格。《管子·小问》："坚中外正，严也。"

【译文】 指责别人的错误不要太严厉，要想想他能否接受得了；教育别人从事善行不该要求太高，应当使他能够听从并照着去做。

一八

粪虫至秽[①]，变为蝉而饮露[②]于秋风；腐草无光，化为萤而耀采于夏月[③]。故知洁常自污出；明每从暗生也。

【注释】 ①至秽：最为污秽。②饮露：徐广《车服杂志》曰："侍者加貂蝉者，取其清高饮露而不食也。"③夏月：《礼记·月令》："季夏之月……腐草为萤。"注："萤，飞虫，萤火也。"

【译文】 粪虫是最污秽的，然而能蜕变为蝉，在高爽的秋风中饮露鸣叫；腐烂了的花草是最没有光泽的，然而能够化为萤火虫在夏季的黑夜里放射出点点光亮。因此我们可以知道，高洁常常是从污秽中出来的，光明常常是从黑暗中产生的。

一九

矜高倨傲[①]，无非客气[②]，降伏得客气下，而后正气伸；情欲意识[③]，尽属妄心，消杀得妄心尽，而后真心现。[④]

【注释】 ①倨：傲慢。《汉书·汲黯传》："为人性倨少礼。"②客气：与下文"正气"对言，指言行虚娇，非出自真诚。《宋书·颜延之传》荀东松奏弹延之："虽心志薄劣，而高自比拟，客气虚张，曾无愧畏，岂可复弼亮五教，增曜台阶。”③情欲：指人的欲念，如男女之爱等。《史记·礼书》：“文貌繁，情欲省，礼之隆也；文貌省，情欲繁，礼之杀也。”《晋书·平原王榦传》：“颇清虚静退，简于情欲。”意识：佛教术语，八识之一，第六识名，即依意根所起之识。指综合感觉所形成的知觉、思维等，以整个世界（诸法）为对象，故亦名“法识”。《成唯识论》卷五：“法识通了一切法，或能了别法，独得法识名。”普光《俱舍论记卷三》：“意识遍缘一切，名为一切境识。”④真心与妄心：佛教称为二心，见前注。

【译文】 自以为高，傲慢无礼，这些都不是正气而是邪气，只有降伏得邪气，正气才能得到伸张；人的情欲，人的意识，都是属于妄心，只有完全消除妄心，而后真心才能显现。

二〇

饱后思味，则浓淡之境都消；色后思淫[①]，则男女之见尽绝。故人常以事后之悔悟，破临事之痴迷，则性定而动无不正。

【注释】 ①色：女色。《论语·季氏》：“少之时，血气未定，戒之在色。”淫：奸淫，淫荡。《左传·宣公四年》：“淫于郧子之女，生子文焉。”

【译文】 吃饱之后想想那菜肴的滋味，那么浓厚与淡薄的界限全部消退；色情之后想想那淫欲的情景，那么男女欢爱的事情已全部看透。因此人们经常用事后产生的悔悟，来破除以后遇事的入迷，这样就性格坚定，并且行为没有不端正的了。

二一

居轩冕[①]之中，不可无山林[②]的气味；处林泉之下，须要怀廊庙的经纶[③]。

【注释】 ①轩冕：古代贵族车马服装的代称，此指高官显贵。②山林：山野林间，指隐逸生活。下文“林泉”同。③廊庙：廊，殿的四周部位，庙，太庙。皆古代帝王大臣议事之所，后因借指朝廷。经纶：借喻对治理国家大事的筹划。

【译文】 在朝廷之上担任高官显爵的时候，不可以没有一点在山野林间过隐逸生活的气度与作风；在山野林间过着隐居生活的时候，则又要时刻关心国家大事并对如何治理国家进行考虑筹划。

二二

处世不必邀功[①]，无过便是功；与人[②]不求感德，无怨便是德。

【注释】 ①邀：希求。②与人：援助别人，给他人以恩惠。

【译文】 人生在世，处理事情不要去希求功劳，没有过失就是功劳；帮助别人不要求别人感恩，没有怨言就是恩德。

二三

忧勤[①]是美德，太苦则无以适性怡情[②]，淡泊是高风，太枯则无以济人利物[③]。

【注释】 ①忧勤：忧虑勤劳。②适；舒适、畅快。《汉书·贾山传》：“贫困万民，以适其欲也。”怡：安适愉快。陶渊明《桃花源记》：“黄发垂髫，并怡然自乐。”③枯：枯槁。草木失去水分或失去生机。《礼记·月令》：“（孟夏之月）草木蚤枯。”引申为干枯、枯竭、偏枯。济人利物：帮助他人，给他人谋利益。物，与我相对，客观上存在的一切。

【译文】 忧虑勤劳是美好的品德，但如果工作太为劳苦，那就无法使人性情安适愉快；恬淡寡欲是高尚的风格，但如果生活太为枯槁，那就无法帮助他人并为他人谋利益。

二四

事穷势蹙之人[①]，当原其初心[②]；功成行满之士，要观其末路[3]。

【注释】 ①事穷势蹙：事业遭困厄，权势日衰退。蹙（cù）：紧迫，收缩。②原：推究分析。初心：本意、本愿。吴融《和杨侍郎》诗："烟霄惭暮齿，麋鹿愧初心。"③末路：最后一段路程，即晚年之功行。

【译文】 对于事业遭到困厄、权势日益衰退的人，应当推究分析他对于事业和权力的本来意愿；对于事业获得成功、品德修行圆满的人，要看他能否坚持走完最后的一段路程。

二五

富贵家宜宽厚，而反忌刻[1]，是富贵而贫贱其行，如何能享？聪明人宜敛藏[2]，而反炫耀，是聪明而愚懵其病，如何不败？

【注释】 ①忌刻：忌他人之优，欲居其上而猜嫌刻薄。②敛藏：谓隐匿才智不外露。

【译文】 富有尊贵的人家应该宽容厚道，但是有些人不但不宽容厚道，反而妒忌刻薄，这是富贵之人采取了贫贱之人的行动，这种人怎么能长久地享受富有和尊贵？聪敏明智的人物应该藏智不露，但是有些人不但不敛藏，反而炫耀卖弄，这是聪明人染上了愚昧懵懂之人的病症，这种人怎么能长久地保持他的聪敏明智？

二六

人情反覆[1]，世路崎岖。行不去处须知退一步之法；行得去处务加让三分之功。

【注释】 ①"人情"句：唐王维诗："人情反覆似波澜"言人情之变化无常若波澜起伏之无定则。人情：犹人心，世情。欧阳建《临终诗》："真伪因事显，人情难豫观。"反覆：变动不定。如《汉书·韩信传》："齐夸诈多变反覆之国。"

【译文】 人心和世情变化不定，生活的道路高低不平，当遇到困难走不过去之时，必须要知道后退一步的方法，而走得过去之时一定要有谦让三分的精神。

二七

待小人不难于严[1]，而难于不恶[2]；待君子不难于恭，而难于有礼。

【注释】　①小人：与“君子”对称。君子为有德者的称谓，小人为无德者的称谓。②不恶：不厌恶，言对小人爱怜垂教，不仅严斥而已。

【译文】　对待小人的态度，不是难在严格，而是难在不厌恶；对待君子的态度，不是难在谦恭，而是难在有礼节。

二八

宁守浑噩[1]而黜聪明，留些正气还天地[2]；宁谢纷华而甘淡泊[3]，遗个清名在乾坤。

【注释】　①浑噩：汉扬雄《法言·问神》：“虞夏之书浑浑尔，商书灏灏尔，周书噩噩尔。”浑浑，浑厚质朴的样子；噩噩，严肃正大的样子，后因称上古淳朴为浑噩之世。②正气：刚正的气节。文天祥《正气歌》：“天地有正气，杂然赋流形，下则为河岳，上则为日星，于人曰浩然，沛乎塞苍冥。”也指正派的作风或良好的风气，与邪气相对。③纷华：亦作“芬华”。繁华富丽，荣耀。《史记·商君列传》：“有功者显荣，无功者虽富无所纷华。”

【译文】　宁愿保持着淳朴的本性而废除掉聪明才智，在天地之间留着一些刚正的气节；宁愿拒绝繁华富丽的生活而甘于恬淡寡欲，在世界上留下个清白的名声。

二九

降魔者先降自心[1]，心伏则群魔自退；驭横者先驭其气[2]，气平则外横不侵。

【注释】 ①魔：佛教指妨碍修行、破坏佛法的邪恶之神，南朝梁释慧皎《高僧传》二《鸠摩罗什》："初得《放光经》，始就披读，魔来蔽之，唯见空牍，什知鹿所为，誓心逾固，魔去字显，仍习诵之。"降魔：佛经载佛将成正觉时，第六天现恶魔相来试，尽为佛降伏。常率魔众作破坏喜事的活动。佛教采用其说，以一切烦恼、疑惑、迷恋等妨碍修行的心理活动亦称魔。②驭横：驾驭豪横。下文"豪横"指外在的豪横力量。其气，一本作"此气"。

【译文】 降伏邪恶之神要先降伏自己内心的邪念，自己内心邪念退去了，那么邪恶之神自然会退走；驾驭豪横之人要先驾驭他们的豪气，豪气平息了那么外在的豪横力量不会侵犯别人。

三〇

教弟子如养闺女[1]，最要严出入、谨交游，若一接近匪人[2]，是清净田中下一不净的种子[3]，便终身难植嘉苗矣。

【注释】 ①弟子：学生。《论语·先进》："季康子问：'弟子孰为好学？'孔子对曰：'有颜回者好学。'"也泛指为人弟与为人子的人。②匪人：行为不端的人。匪，同非。③清净：佛教称远离罪恶与烦恼。《俱舍经》卷十六："远离一切恶行烦恼垢故，名为清静。"

【译文】 教育学生好比是养育闺女，最要紧的是严格控制出入之人、谨慎交友，如果一旦接近了行为不端的坏人，那么就像是清净的心田里种下了一颗不纯净的种子，一辈子都难以种植好的秧苗了。

三一

欲[1]路上事，毋乐其便而姑为染指[2]；一染指便深入万仞[3]。理路上事，毋惮[4]其难而稍为退步；一退步便远隔千山。

【注释】 ①理、欲：天理与私欲。明李梦阳《空洞子论学》下："此道不明于天下，而人遂不复知理欲同行异情之义。"②染指：比喻沾取其非所应得的利益。典出《左传·宣公四年》，见前注。③万仞：形容极深。仞，古代的长度单位，有相当于四尺、五尺六寸、七尺、八尺诸说。④惮：怕。

【译文】 在私欲方面，千万不要贪图一时方便而随便伸手，一伸手便要落入万仞深渊而不可自拔；在天理方面，千万不要因为害怕困难而稍为退步，一退步便要远隔千山万水不可再与接近。

三二

念头[1]浓者，自待[2]厚，待人亦厚，处处皆浓[3]；念头淡者，自待薄，待人亦薄，事事皆淡[4]。故君子居常嗜好，不可太浓艳，亦不宜太枯寂[5]。

【注释】 ①念头：心念、心思，心中的打算。元陈镒《午溪集》十《次韵吴学录春日山中杂兴》诗之四："功名老去念头轻，尽日看山眼倍明。"②自待：对自已，指个人衣食住行、起居作为等。③皆浓：一本作"皆厚"。浓：厚、密。④皆淡：一本作"皆薄"。⑤枯寂：枯淡寂寞。

【译文】 心念宽厚的人，对待自己宽厚，对待别人也宽厚，每一个地方都显得宽厚；心念淡薄的人，对待自己淡薄，对待别人也淡薄，每一件事情都显得淡薄。因此君子的衣食住行、起居爱好等，不可太为浓烈富艳，也不应该太为枯淡寂寞。

三三

彼富我仁，彼爵我义[1]，君子故不为君相所牢笼[2]；人定胜天，志壹动气[3]，君子亦不受造化之陶铸[4]。

【注释】 ①"彼富"二句：《孟子·公孙丑下》："曾子曰：'晋楚之富，不可及也，彼以其富，我以吾仁，彼以其爵，我以吾义，吾何慊乎哉？'"（我为什么觉得比他少了什么呢？慊，少。）此以仁义与富贵权势（爵禄）对提。②牢笼：在此为动词，即笼络。③志壹动气：《孟子·公孙丑上》记载孟子与公孙丑谈论“不动心”时说：“夫志（思想意志），气（意气感情）之帅（主帅）也；气，体之充也（充满体内的力量）。”所以说：“志壹（志向一致）则动（转移）气，气壹则动志也。”④陶铸：烧制陶器、铸编金属器物皆依一定规格的模具，此言依一定条框之限制。造化：命运，天意。

【译文】　他有他的财富，我有我的仁爱，他有他的官位，我有我的正义，因此君子不受皇帝宰相的笼络；人的力量能够战胜上天的意志，思想意志的专注能够转移意气感情，因此君子不受命运的限制和拘束。

三四

立身不高一步立[①]，如尘里振衣，泥中濯足[②]，如何超达？处世不退一步处，如飞蛾投烛，羝羊触藩[③]，如何解脱[④]？

【注释】　①立身、处世：指人在社会上待人接物的种种活动。②“尘里振衣”二句：言尘中振衣，其尘难去；泥中濯足，愈濯愈浊。濯（zhuó）：洗。③羝羊触藩：《易·大壮》：“羝羊触藩，羸其角。”“羝羊触藩，不能退，不能遂。”羝，公羊。谓公羊的角卡在篱笆上，进退两难。④解脱：一本作“安乐”。

【译文】　人生活在世界上，如果不站得高一点，好像在灰尘当中拍打衣服，泥水当中洗濯双足，怎么能够超脱豁达？人生活在世界上，如果凡事不作退一步想，好像飞蛾投向火烛，羊角插入篱笆，怎么能够解除超脱？

三五

学者要收拾精神，并归一处。如修德而留意于事功名誉，必无实诣[①]；读书而寄兴于吟咏风雅[②]，定不深心[③]。

【注释】　①实诣：实际造诣。诣，一本作“宜”。②风雅：《诗经》分风、雅、颂三类。后以之称代诗文。③不深心：内心无深刻感受。

【译文】　学习的人要将精力集中归并到一个点上去。如果想进德修业，但又在功业名誉方面留心，一定不会有什么实际的造诣，如果想读书求知，但又想只作些浅陋的诗歌来附庸风雅，那么内心一定没有什么深刻的感受。

三六

人人有个大慈悲[①]，维摩屠刽[②]无二心也。处处有种真趣味，金屋茅檐非两地也。只是欲闭情封[③]，当面错过，便咫尺千里矣[④]。

【注释】 ①大慈悲：《大智度论》："大慈与一切众生乐，大悲拔一切众生苦。"此指大慈悲之心。②维席：即维摩诘的略称，佛家所尊敬的大乘居士，也作毗摩罗诘，释迦同时人，曾向佛弟子舍利弗、弥勒、文殊、师利等讲说过大乘教义。《维摩经》即记载他的言论与说教。屠刽：屠夫与刽子手。他们正与佛教的杀戒及慈悲教义尖锐对立。屠刽，一本作"广额"。③"欲闭"句：言大慈悲与真趣味被情与欲所蔽。闭，一本作"蔽"。④咫尺千里：咫，古代长度单位，周代八寸为咫，约合今市尺 6.22 寸，喻距离极近，千里为相隔极远。言失诸交臂，差之天涯了。

【译文】 每个人心中都有一个慈悲的念头，无论是维摩诘，还是屠夫或刽子手，都没有什么区别；每个地方都有一种真正的趣味，无论是在金屋之中，还是在茅屋下面，都没有什么区别。只是因为大慈悲与真趣味被情与欲所封闭了，因此当面错过，便虽然近在咫尺，却好似相隔千里了。

三七

进德修行[①]，要个木石的念头，若一有欣羡[②]，便趋欲境；济世经邦[③]，要段云水[④]的趣味，若一有贪著[⑤]，便坠危机。

【注释】 ①修行：一本作"修道"。②欣羡：即歆羡，《诗·大雅·皇矣》集传："歆，欲之动也；羡，爱慕也。"③济世经邦：救助社会，筹划邦国大事。④云水：指自在而淡泊的意趣。⑤贪著：贪婪骄矜。贪，获得没有满足的时候；著，显示个人。

【译文】 进修德业，要有个如同木头石头那样质朴的念头，如果一动爱慕之心，便往私欲的境界去了；救助社会，筹划国家大事，要有一段如同白云清水那样恬淡的味道，如果一有贪婪骄矜，便跌落到危险的境地去了。

三八

肝受病[①]，则目不能视；肾受病，则耳不能听。病受于人所不见，必发于人所共见。故君子欲无得罪于昭昭[②]，先无得罪于冥冥[③]。

【注释】 ①“肝受”四句：《史记·扁鹊仓公列传》张守节正义：“肝气通于目，目和则知黑白矣。”“肾气通于耳，耳和则闻五音矣。”②昭昭：人所共见之光天化日下。③冥冥：人所不见之晦暗处所。

【译文】 如果肝脏有病，那么会影响视力；如果肾脏有病，那么会影响听力。病生在人所不能见到的地方，但却表现在大家都看得到的地方。因此君子要想在人所共见之光天化日下没有罪过，首先要在人所不见之晦暗处所没有罪过。

三九

福莫福于少事；祸莫祸于多心。惟更事[①]者方知少事之为福；惟平心者始知多心之为祸。

【注释】 ①更事：经历很多事情或变故。更，一本作“少”，误。一本作“苦”，苦事谓受事之苦。

【译文】 至于幸福，没有比事情少一点更为幸福的了；至于祸患，没有比心计多一些更是祸患的了。只有经历了很多事情的人才知道事情少一点是幸福；只有平心静气的人才知道心计多一些是祸患。

四〇

处治世宜方[①]，处乱世宜圆[②]，处叔季之世当方圆并用[③]。待善人宜宽，待恶人宜严，待庸众之人当宽严互存。

【注释】 ①方：四方棱角清晰，谓方正、正直。②圆：圆转灵活，随机应变。③叔季之世：少长顺序的排列按伯、仲、叔、季。此即言“叔末”，即指社会之末世。人心颓废，世情浇薄，治之须方圆并用。

【译文】 生活在太平的时代应该刚方正直、棱角分明，生活在动乱的时代应该圆转灵活、随机应变，生活在行将结束的朝代应当刚方正直与圆转灵活一起使用。对待善良的人应该宽容，对待凶恶的人应当严厉，对待平庸的众人应该宽容与严厉一起使用。

四一

我有功于人不可念，而过则不可不念；人有恩于我不可忘，而怨则不可不忘。

【译文】 我对别人有功劳不可记念，但如有过错则不可不记念；别人对我有恩惠不可忘记，但如有怨仇则不可不忘记。

四二

心地干净[①]，方可读书学古。不然，见一善行，窃以济私[②]；闻一善言，假以覆短[③]。是又借寇兵而赍盗粮矣[④]。

【注释】 ①“心地”句：把内心如名利私欲之尘垢涤除干净。②济私：从古书中学得好行为作为自己谋取私利之手段。③覆短：掩盖个人缺点。谓借书中或古人之善言作为遮掩个人错误之口实。④“借寇兵”句：《荀子·大略》：“非其人而教之，赍（jī，以物给人）盗粮，借贼兵也。”《战国策》、《史记·范雎传》等亦用此喻。谓教那些不好的人，就像送粮食给小偷，借兵器给强盗一样。寇：强盗。兵：刀枪。盗：偷窃财物的人。

【译文】 只有把内心的名利私欲扫除干净之后，才可以诵读古书学习古人。如果不这样，见到古书中一个好的行为，就把它学得来为自己谋取私利；听到古人的一句好的话语，就把它学得来掩盖自己的错误。这等于是借兵器给强盗，送粮食给小偷啊！

四三

奢者富而不足[①]，何如俭者贫而有余；能者劳而府怨[②]，何如拙者逸而全真[③]。

【注释】 ①奢：奢侈，不节俭。《论语·八佾》：“礼，与其奢也，宁俭。”②府怨：犹言招怨。怨府为藏怨之所；府怨为招怨。《礼记·曲礼》注：“府，谓宝藏货贿之处也。”此处借其聚藏义。③全真：保持本性。

【译文】 奢侈的人富有然而入不敷出，还不如节俭的人贫乏然而有余；能干的人劳苦然而招怨，还不如笨拙的人安逸而且能够保持本性。

四四

读书不见圣贤为铅椠佣[①]；居官不爱子民为衣冠盗[②]；讲学不尚躬行为口头禅[③]，立业不思种德为眼前花[④]。

【注释】 ①不见：不能想见，即领会其道。铅椠佣：书本的奴仆。铅，铅粉笔，椠，书板，此指书本。②子民：《礼记·表记》“子民如父父”，疏：“子谓子爱于民，如父母爱子也。”此指所管辖下的百姓。衣冠盗：穿戴士大夫的衣冠，干的却是盗贼一样的事情。③尚躬行：崇尚亲身去做。口头禅：佛教称不能领会禅理，只是袭用禅宗和尚的常用语作为谈话的点缀的谓口头禅，后指人们谈话常挂嘴上并无实际意义的话为口头禅。④立业：建立事业。种（zhòng）德：布行德惠。眼前花：现在好看，但不久长。喻好景不常。

【译文】 读书如果不能领会圣人贤人的真正思想，那就成了书本的奴隶，做官假如不能爱护保护平民百姓，那就成了穿着官服戴着官帽的强盗，光是教育别人但是自己并不带头去做，那就会成为并无实际意义的口头禅语；要想建立事业但又不想布行德惠，那就会变成好景不长的眼前之花。

四五

人心有部真文章，都被残编断简[①]封固了；有部真鼓吹[②]，都被妖歌艳舞湮没了。学者须扫除外物[③]，直觅本来，才有个真受用[④]。

【注释】 ①残编断简：在此指世俗间的书籍文章。②鼓吹：古代出自北方民族、后来用为军乐的一种音乐名鼓吹曲。在此泛指音乐。③外物：世俗间的事物。这里指世俗间不好的思想。④真受用：真正的好处。

【译文】 人们心中本来有一部好文章，可是都被世俗间的不好的书籍文章封闭住了；人们心中本来有部好音乐，可是都被那些社会上流行的妖歌艳舞所迷惑掩盖了。因此，学习的人必须扫除世俗间的不好的思想，去找回人们心目之中本来就有的美好的思想，才能得到真正的好处。

四六

苦心中常得悦心之趣；得意时便生失意之悲[①]。

【注释】 ①得意：称心如意。孟郊《登科后》诗："春风得意马蹄疾，一日看尽长安花。"后多指因成功而沾沾自喜。

【译文】 苦心追求之后常常能得到成功的喜悦，春风得意之时便开始生出失意的悲凉。

四七

富贵名誉，自道德[①]来者，如山林中花，自是舒徐繁衍[②]。自功业来者，如盆槛中花，便有迁徙废兴[③]。若以权力得者，如瓶钵中花[④]，其根不植，其萎可立[⑤]而待也。

【注释】 ①道德：《韩非子·五蠹》："上古竞于道德，中世出于智谋，当今争于气力。”《礼记·曲礼》上：“道德仁义，非礼不成。”今指一种社会意识形态，是人类社会在共同生活中形成的对社会成员起约束和团结作用的准则。②舒徐繁衍：生机自适地繁殖衍生。③迁徙废兴：花卉因从大地迁徙至花盆花槛中，必有再度植根过程，故言废而后复兴。④“如瓶钵中花”：一本无此句。⑤立：即刻、马上。

【译文】 富贵名誉，如果确实是因为道德品质崇高所致，那么这个富贵名誉就像是山林中的花朵，自然会生机自适地繁殖衍生；如果是从建功立业中得来的，那么这个富贵名誉就像是花盆中的花朵，要经历再度植根由废而再兴的过程；如果是依靠某种权力得来的，这就好像是花瓶之中的花朵，因为根子不能得到种植，所以它的枯萎是很快就可以看得到的。

四八

栖守道德者，寂寞一时[①]；依阿[②]权势者，凄凉万古。达人观物外之物[③]，思身后之身[④]。宁受一时之寂寞；毋取万古之凄凉。

【注释】 ①寂寞：冷落、孤独。《楚辞·远游》：“野寂漠（寞）其无人。”②依阿（ē）：依附他人，曲从迎合。③达人：指通达事理的人。《左传·昭公七年》：“圣人有明德者，若不当世，其后必有达人。”孔颖达疏：“谓知能通达之士。”物外之物：世事以外的事物。④身后之身：佛教认为有转世之说，即人死后还将再生于他处。或说此身后之身指死后的名声。

【译文】 恪守道德信义的忠诚之士，所受的冷落寂寞是一时的；但曲意迎从权势的无节小人，所受到的冷落将是千年万载的，因此通达事理的人看看世事之外的事物，想想人死之后的名声，宁可接受在世之时的一时寂寞，不要去受那千年万载的凄凉。

四九

春至时和，花尚铺一段好色，鸟且啭几句好音。士君子幸列头角[①]，复遇温饱[②]，不思立好言、行好事，虽是在世百年，恰似未生一日。

【注释】 ①头角：指才华能力。本义指头顶左右的突出处。后借喻人的气概才华。②遇温饱：即享受温衣饱食。

【译文】 春天到了气候变得温和，花儿要展现一下好的颜色，鸟儿也要唱出几声动听的歌曲，士君子有幸而具备杰出的气概才华，又能享受温衣饱食的生活，如果还不能专心致志地写作几篇好的文章，做几件好的事情，那么即使是活了一百年，还好像一天也没有活过一样。

五〇

学者有段兢业[①]的心思，又要有段潇洒的趣味。若一味敛束[②]清苦，是有秋杀无春生[③]，何以发育万物？

【注释】 ①兢业：原是指恐惧的样子。《诗·大雅·云》："兢兢业业，如霆如雷。"《毛传》："兢兢，恐也；业业，危也。"后常用以形容做事谨慎、勤恳、戒惧。②敛束：严格地约束、限制自己。③秋杀：秋日万物萧条肃杀。春生：春日万木复苏，生机盎然。

【译文】 学习的人既要有谨慎、恐惧的心思，又要有潇洒通达的趣味，如果一味地收敛、约束，生活过得十分清苦，那么好像只有秋天的肃杀景象而没有了春天的生机盎然，怎么能生化发育世上万种生物？

五一

真廉无廉名[①]，立名者正所以为贪；大巧无巧术[②]，用术者乃所以为拙。

【注释】 ①"真廉"二句：言求廉名者已非真廉，故立名者实已为贪。廉，清廉，廉直。②"大巧"二句：《老子》："大直若屈，大巧若拙。"言大巧者不施小术，用术者反为拙。

【译文】 真正清廉的人是没有清廉的名声的，而故意建立这清廉的名声的人实际上是贪心的表现；最灵巧的人不使用灵巧的手段，因此使用灵巧手段的人实际上是笨拙的表现。

五二

心体光明，暗室中有青天[①]；念头暗昧[②]，白日下有厉鬼。

【注释】 ①“心体”二句：言自身心的本体光辉明亮，虽处暗室亦如光天之下。②念头暗昧：指心里之杂念妄想。暗昧：昏暗。《楚辞·九思·守志》：“彼日月兮暗昧。”亦谓模糊不明。

【译文】 心的本体光辉明亮，即使生活在暗室之中也像生活在光天化日之下；心的本体昏暗模糊，即使生活在青天白日之中也会有妖魔鬼怪出现。

五三

人知名位为乐，不知无名无位之乐为最真；人知饥寒为忧，不知不饥不寒之忧为更甚。

【译文】 人们都知道有名利有地位是使人快乐的，却不知道没有名利没有地位的快乐才是最真实的；人们都知道饥饿和寒冷是使人担忧的事情，却不知道不饥饿不寒冷时的担忧才是更厉害的。

五四

为恶而畏人知，恶中犹有善路[①]；为善而急人知，善处即是恶根。

【注释】 ①路：通露。

【译文】 做了坏事但是怕人知道，这是坏恶之中还有善心的显露；做了好事但是急切地希望别人知道，这个做好事的本身就包藏着坏恶的根源。

五五

天之机缄不测[①]，抑而伸，伸而抑[②]，皆是播弄英雄、颠倒豪杰处。君子只是逆来顺受，居安思危，天亦无所用其伎俩矣。

【注释】 ①机缄：古代道家所谓主宰并制约事物的力量。《庄子·天运》："孰主张是？孰维纲是？孰居无事推而行是？意者其运转而不能自止邪？"②"抑而"两句：压抑、伸展交替出现。③播弄：摆布、玩弄。

【译文】 上天对于人的制约和主宰实在是难以预测的：一会儿抑制，一会儿伸展；一会儿伸展，一会儿抑制。都是摆布玩弄英雄，上下倒置豪杰的。君子只要对恶劣的环境或无理的待遇采取忍受的态度，处在平安的环境想到可能会出现的困难危险，上天也就无法使用它的手段伎俩了。

五六

福不可邀[①]，养喜神[②]以为招福之本，祸不可避，去杀机以为远祸[③]之方。

【注释】 ①邀：求取。②喜神：对客观事物所取欢喜乐观的态度。神，心。③杀机：杀伐的念头。远祸：远离灾祸，使祸远。

【译文】 福运不可以求取，对客观外界事物采取欢喜乐观的态度是招取福运的根本；祸事不可以避免，抛弃杀伐的念头作为远离灾祸的方法。

五七

十语九中[①]，未必称奇；一语不中，则愆尤骈集[②]。十谋九成，未必归功；一谋不成，则訾议[③]丛兴。君子所以宁默毋躁[④]，宁拙毋巧。

【注释】 ①中（zhòng）：击中目标，此言说对了。②愆尤骈集：各种罪过都聚到一起。③訾议：毁谤非议。④躁：躁进，谓轻率求进。

【译文】 十句话有九句说对了，不一定有人称赞你高妙；但是只要有一句话没有说中，那么过失就会集中到你头上来。十次谋划有九次成功了，不一定有人把功劳归到你的身上来，但只要有一次谋划没有成功，那么怨恨诋毁之词就会遍地兴起。因此君子宁可保持沉默而不要轻率求进，宁可显得笨拙而不要卖弄聪明。

五八

天地之气，暖则生，寒则杀。故性气清冷者，受享亦凉薄。惟和气暖心之人，其福亦厚，其泽亦长。

【译文】　天地之间的气候，和暖能使万物生长、繁荣昌盛，寒冷则使万物生机萧条，甚至寂灭。因此人的性情脾气清凉的，受人间的待遇也清凉淡薄些。只有那脾气和顺、心肠暖热的人，他们的福泽才会既厚又长。

五九

天理路上甚宽[①]，稍游心[②]，胸中便觉广大宏朗，人欲路上甚窄[③]，才寄迹[④]，眼前俱是荆棘泥涂。

【注释】　①天理：即天道。佛教用语。佛教有六道：天道、人道、阿修罗道、饿鬼道、畜生道、地狱道。根据佛教轮回的说法，人都要在这六道内轮回。②游心：犹涉想，谓心神交往，贯注于某一种境地。《庄子·骈拇》："窜句游心于坚白同异之间。"③人欲：人的欲望嗜好。《礼·乐记》："人化物也者，灭天理而穷人欲者也。"此处对照上文的天道而言，也可指人道。④寄迹：寄托踪迹，犹言涉足。

【译文】　天理的道路很是宽广，只要稍加想象，心胸之中便感觉到宏大明朗，人欲的道路很是狭窄，只要稍加涉足，便会感觉到眼前尽是荆棘泥涂。

六〇

一苦一乐相磨练，练极[①]而成福者，其福始久；一疑一信相参勘[②]，勘极而成知[③]者，其知始真。

【注释】　①练极：磨练达到终极。②参勘：参照勘案，考核确定。

③知：了解。

【译文】 艰苦和快乐互相磨练，磨练达到终极而练成幸福的，这个幸福才能长久，怀疑和相信互相参勘，参勘达到终极而形成了解的，这个了解才能真实。

六一

地之秽者多生物；水之清者常无鱼[①]。故君子当存含垢纳污[②]之量；不可持好洁独行[③]之操。

【注释】 ①“水之”句：《文选》东方朔《答客难》：“水至清则无鱼；人至察则无徒……举大德，赦小过，无求备于一人之义也。”②含垢纳污：《左传·宣公十五年》：“川泽纳污（容纳污秽），山薮藏疾（山林薮泽多草木，生毒气），瑾瑜匿瑕（美玉内含瑕疵），国君含垢（国君为社稷大利忍受小的垢耻），天之道也。”③独行：志节高尚，不随俗流浮沉。此言一味追求高洁的品行而脱离大众。

【译文】 地上污秽的地方能生长出许多动植物，水中最清洁的地方经常没有鱼儿游动。因此君子应当有含纳污秽忍受耻辱的度量，不可一味追求高洁的品行而脱离大众。

六二

泛驾之马[①]，可就驰驱[②]；跃冶之金[③]，终归型范[④]。只一优游[⑤]不振，便终身无个进步。白沙[⑥]云：“为人多病未足羞，一生无病是吾忧。”真确论也。

【注释】 ①泛（fěng）驾：翻车。②驰驱：疾行，奔驰。③跃冶：《庄子·大宗师》：“今之大冶（冶金师）铸金，金踊跃曰：‘我且必为莫耶’，大冶必以为不祥之金。”莫耶，传说是吴匠为吴王所铸宝剑名。跃冶喻自以为能，急于求用。④型范：造器物时使用的模具。⑤优游：悠闲自得的样子。⑥白沙：陈白沙，明代中期儒者陈献章（1428—1500），字公甫，号石斋，又号白沙先生，有“活孟子”之称，习朱程之学，有

《白沙集》、《白沙诗教解》。

【译文】 不甘心于拉车把车子翻掉的马匹，可以用来疾行奔驰；跃跃欲试自认为可铸宝剑的材料，终将纳入造器的模具。只有那些悠闲自得不能振作精神的人，会一辈子没有进步。白沙先生说过：“人生在世犯错误多没有必要感到难为情，一辈子一点错误也不犯才真正使我担忧。”这真是正确的观点啊！

六三

人只一念贪私，便销刚为柔、塞智为昏、变恩为惨[①]、染洁为污，坏了一生人品。故古人以不贪为宝[②]，所以度越[③]一世。

【注释】 ①惨：残酷、狠毒。《后汉书·周行传》：“然苛惨失中，数为有司所奏。”②“故古”句：《左传·襄公十六年》：“宋人或得玉，献诸（之于）子罕，子罕弗受。献玉者曰：‘以示玉人，玉人以为宝也，故敢献之。’子罕曰：‘我以不贪为宝，尔以玉为宝，若以与我，皆丧（失去）宝也，不若人有其宝。’”③度越：超出越过。言以不贪为宝之古人超出其时代，至今为众人尊敬。

【译文】 人只要起了一点贪图私利的念头，便会销融刚强化为柔弱，堵塞智慧变为昏庸，改变恩爱转为残酷，沾染清洁成为污秽，坏了一生的人品。因此古人以不起贪图私利的念头为宝贵，所以能超出其时代，至今为众人尊敬。

六四

耳目见闻为外贼[①]；情欲意识为内贼[②]。只是主人公惺惺不昧[③]，独坐中堂，贼便化为家人矣[④]。

【注释】 ①“耳目”句：佛教认为眼、耳、鼻、舌、身等五官可产生对色、声、香、味、触五种怡悦的感官欲望，称为五识。外贼，自外部侵害之贼。②情欲意识：内心的情欲。情欲，佛教认为是四欲之一。意识，即心。二禅天以上无上述五识，惟有意识。③惺惺不昧：清醒、警觉而不糊涂。（意指五识、意识皆起作用）。④“贼便”句：谓侵害本心之内外贼，随主人进入“中堂”而一并进入，贼亦成了家人，为主人所控制。

【译文】 耳朵听到的、眼睛看到的，是侵害人的外贼；情感的欲望、内心的意识，是侵害人的内贼。只要是主人公头脑清醒、机灵而不糊涂，立场坚定，坚持真理，侵害人的本心的内外贼就会转变成为家人，为主人所控制了。

六五

图未就之功，不如保已成之业；悔既往之失，不如防将来之非。

【译文】 谋求尚未成就的新功，还不如采取行动来保住已经取得的成果；悔恨以往的过失，还不如总结经验教训预防将来可能出现的失误。

六六

气象要高旷①，而不可疏狂；心思要缜密②，而不可琐屑；趣味要冲淡，而不可偏枯③；操守要严明，而不可激烈。

【注释】 ①气象：气度、精神。也指人的胸襟。②缜密：一本作“缜缄”，义同。③偏枯：调配照顾不均，偏向于一个方面，发展不平衡。

【译文】 气度精神要高达旷远，但不要粗疏狂放；心意思想要缜缄严密，但不可繁琐碎屑，兴趣意味要冲默淡泊，但不要偏颇枯燥；品德操守要严正明白，但不要激昂剧烈。

六七

风来疏竹①，风过而竹不留声；雁度寒潭②，雁去而潭不留影。故君子事来而心始现③，事去而心随空。

【注释】 ①疏竹：疏稀的竹林。②寒潭：指秋天寒冷的潭水。③“故君”二句：言君子不以身影为重，不留痕迹。心地空阔不为事牵。

【译文】 风儿吹过疏稀的竹林，风儿过后竹子上并没有留下声音；大雁来到寒冷的潭水之中，大雁飞走后潭水中没有留下大雁的影子。因此君子要有事情来时才用心思，事情过去后心思随之而空。

六八

清能有容[①]，仁能善断，明不伤察[②]，直不过矫[③]。是谓蜜饯不甜，海味不咸，才是懿德[④]。

【注释】 ①清：清廉。容：度量。②“明不”句：明白但不失于苛细的调查、考察。③过矫：谓矫枉过正。④懿德：美德。

【译文】 清廉但是有度量，仁慈但是善决断，英明而不苛求，正直而不矫枉过正。就像蜜饯不过分甘甜，海味不过分咸苦，这才是最美好的品德。

六九

贫家净扫地，贫女净梳头。景色虽不艳丽，气度自是风雅[①]。士君子一当穷愁寥落[②]，奈何辄自废弛哉[③]？

【注释】 ①风雅：旧指人们的生活风度和文化修养。为“风流儒雅”的简称。②一当：一旦面临。寥落：寂寞、冷落。③辄：就。废弛：颓废松懈。

【译文】 虽是贫穷人家，但地面扫得干干净净，虽然是贫家女儿，但头发梳理得整整齐齐。看上去景致虽不富艳浓丽，但气象风度却是风流清雅。士君子一旦遇到困窘、忧愁、寂寞、冷落，为什么就要自暴自弃、颓废松懈呢？

七〇

闲[①]中不放过，忙处有受用；静[②]中不落空，动处有受用；暗中不欺隐，明处受用。

【注释】 ①闲：平常，不打紧。②静：平静、静止。

【译文】 空闲之时的光阴没有白白度过，一到紧张忙碌的时候就能派得上用处了；静止时候的希望打算没有落空，一到行动起来忙乱之时就能派上用处了；背人之处不做有损阴德的事情，那么平时工作和生活中就能得到好处了。

七一

念头起处，才觉向欲路上去[1]，便挽回理路上来[2]。一起便觉；一觉便转。此是转祸为福、起死回生的关头，切莫轻易错过[3]。

【注释】 ①欲：欲望、欲念。《礼记·曲礼》："欲不可从（纵）。"②理：道理，法则。《易·系辞》上："易简而天下之理得矣。"《礼·仲尼燕居》："礼也者，理也。"疏："理，谓道理，言理者使万物合于道理也。"③轻易错过：一本作"当面放过"。

【译文】 一个念头兴起的时候，如果感觉到这个念头是向欲念的道路上去的，便要马上挽回到理念的道路上来。这种念头一经兴起，便能感觉；一经感觉，马上就转。这是将灾祸转化成为福运，将死人救活使之生还的关键，千万不要轻易错过。

七二

天薄我以福[1]，吾厚吾德以迓之[2]；天劳我以形，吾逸[3]吾心以补之；天厄我以遇[4]，吾亨[5]吾道以通之。天且[6]奈我何哉！

【注释】 ①"天薄"句：天使我福薄。②厚吾德：使吾德厚，即增进道德修养。迓（yà）：迎接。③逸：安闲。无所用心。④"天厄"句：上天使我遭遇困厄。⑤亨：通，通达顺利。《易·坤》："品物成亨。"⑥且：将。

【译文】 上天使我的福运浅薄，我增进我的道德修养来迎接它；上天使我的形体劳累辛苦，我安闲我的思想来加以补救；上天使我的遭遇困顿险厄，我疏通我的生活道路使它变得通达顺利。这样子上天还有什么方法来奈何我呢？

七三

贞士无心邀福[①]，天即就无心处牖其衷[②]，险人[③]着意避祸，天即就着意中夺其魄[④]。可见天之机权[⑤]最神，人之智巧何益？

【注释】 ①贞士：坚贞之士。《韩非子·守道》："托天下于尧之法，则贞士不失分，奸人不侥幸。"贞，一本作"真"。邀：求取。②牖其衷：引导其获得幸福。牖，通"诱"。此为诱导之意。衷：善，福。《书·汤诰》："惟皇上帝，降衷于下民。"注"衷，善也。"③险人：小人，奸邪之人，险，一本作"险"。④夺其魄：夺魄犹言惊心动魄。此言因灾祸来临而惊怕。⑤机权：一机，事物变化之所由。权，变通，机变，在此即指变化。

【译文】 坚贞之士没有想到求取幸福，上天就在他没有想到的地方引导他获得幸福；奸邪之人有意要躲避开祸灾，上天就在有意避开之时使他惊心动魄。从中可以知道上天的意志最为神通广大，人的聪明技巧有什么作用呢？

七四

声妓晚景从良[①]，一世之烟花无碍[②]；贞妇白头失守[③]，半生之清苦俱非。语云"看人只看后半截"，真名言也。

【注释】 ①从良：旧称妓女嫁人为从良。②烟花：旧为妓女的代称。③失守：失节。封建社会认为妇女改嫁再婚为不能守节，为封建观念。

【译文】 声乐之妓年纪大了嫁夫从良，以前的烟花生活对她的名誉没有什么影响；守节之妇年纪大了失去贞操，半辈子的清苦生活对她来说全都算是白费。有一句话说"看人只看后半辈子"，这真是至理名言啊！

七五

平民肯种德施惠[①]，便是无位的卿相[②]；仕夫徒贪权市宠[③]，竟成有爵的乞人。

【注释】 ①种（zhòng）德施惠：布施德惠。②无位：言无其职而行其事。卿相：一本作“公相”。③仕夫：从仕之人，即为官掌权者。徒：只是。

【译文】 平民百姓肯布施德惠，即是没有职位的大臣宰相；做官之人一味地贪图权力求取恩宠，竟然成了空有爵位的乞丐。

七六

问祖宗之德泽，吾身所事者是，当念其积累之难；问子孙之福祉[①]，吾身所贻[②]者是，要思其倾覆[③]之易。

【注释】 ①祉（zhǐ）：福。②贻（yí）：遗留。③倾覆：颠覆、覆没。《荀子·王制》：“入不可以守，出不可以战，则倾覆灭亡可立而待也。”

【译文】 祖宗的德泽在什么地方？我们现在所享受的就是，应当时常想想祖宗积累财富是多么的不容易。子孙的幸福在什么地方？我们现在所留下的就是，应当时常考虑子孙如不好好掌握这些财产，颠覆起来是多么容易的事情。

七七

君子而诈善，无异小人之肆恶[①]；君子而改节[②]，不若小人之自新。

【注释】 ①肆恶：肆意作恶。肆，放纵，恣意。②改节：改变节操。此言丧失君子节操。

【译文】 君子假心假意地做好事，这与小人肆意作恶没有什么不同；君子丧失了节操，还不如小人觉悟以后的重新做人。

七八

家人有过，不宜暴怒[①]，不宜轻弃。此事难言，借他事隐讽之[②]；今日不悟，俟来日再警之[③]。如春风解冻，和气消冰，才是家庭的型范。

【注释】 ①暴怒：一本作“暴扬”。扬谓张扬扩大，意有不同。②隐：隐语，不把本意直接说出而借别的词语来暗示的话。讽：用委婉的语言暗示、劝告或指责。《文心雕龙·杂文》：“夫讽一劝百，势不自反。”③俟：等待。警之：使他警醒。

【译文】 家中佣人犯了错误，不应该暴怒责备，不应该轻易抛弃。如果就这件事情难以直接批评，那么可借其它事情来曲折地加以劝责；如果今天不能马上觉悟，那么可等待来日再加告诫使他警醒。好比是和暖的春风化去冰冻，这才是家庭的典型和模范。

七九

遇艳艾[①]于密室，见遗金于旷郊，甚于两块试金石；受眉睫之横逆[②]，闻萧墙之谗诟[③]，即是他山攻玉砂[④]。

【注释】 ①艳艾：艳丽美好的女色。艾，美好。②眉睫：眉与睫毛距眼最近，此言切近。横逆：强暴无理的举动。③萧墙：原意为门屏，古代宫室用以分隔内外的当门小墙。《论语·季氏》：“吾恐季孙之忧，不在颛臾而在萧墙之内也。”注：“萧之言肃也，墙谓屏也。君臣相见之礼，至屏而加肃敬焉，这以为之萧墙。”后用以指内部。谗诟：说坏话、辱骂。④他山攻玉砂：《诗·小雅·鹤鸣》：“他山之石，可以攻玉。”意谓借用他山之石来加工玉石。因前列对句已出现“石”字，为避重复而改为“砂”。

【译文】 在秘密的房间里遇到艳丽美好的女子，在空旷的原野上见到别人失落的钱财，这对人的考验胜过两块试金石；受到了很亲近的人的强暴无理的举动，听到了来自自己内部的辱骂与坏话，这可看成是“他山之石，可以攻玉”。

八〇

此心常看得圆满[①]，天下自无缺陷之处所[②]；此心常放得宽平，天下自无险侧[③]之人情。

【注释】 ①圆满：谓事物十分完满，无所欠缺。《宋史·天竺国传》：“福慧圆满，寿命延长。”看：守护。②处所：一本作“世界”。③险侧：邪恶不正。

【译文】 把这个心儿守护得十分圆满，那么自然会感觉到这个世界上不会有什么缺陷的地方；把这个心儿放得宽宽平平的，那么也自然会感觉到这个世界上不会有邪恶不正的人情了。

八一

淡薄[①]之士，必为浓艳[②]者所疑；检饬[③]之人，多为放肆者所忌。君子处此，固不可少变其操履[④]，亦不可太露其锋芒。

【注释】 ①淡薄：恬淡寡欲，不重荣耀名位。一本作“淡泊”，“泊”同“薄”。②浓艳：指热中名利。③检饬：持身谨束，严于律己。④操履：手持谓操，足踏为履。此泛指操行，节操。

【译文】 恬淡寡欲的人，必定会被热衷名利的人所怀疑是热衷功利的；持身谨束的人，一定会被肆无忌惮的人所妒忌。君子生活在这样的环境当中，固然不可稍稍改变他原来的品操言行，但也不可太露其锋芒。

八二

居逆境中，周身皆针砭药石[①]，砥节砺行[②]而不觉；处顺境

内，眼前尽兵刃戈矛，销膏靡骨[3]而不知。

【注释】 ①针砭药石：泛指给人治病的各种药物器械。砭(biān)：石针，用石块磨制的尖石或石片，用以治痈疽，除脓血。为我国最古的医疗用具。药石：治病的药物。②砥、砺：都是磨炼的意思。③销膏靡骨：脂肪融化，骨骼糜烂。

【译文】 生活在不顺利的环境之中，在你的周围存在着治疗疾病的条件，使你自觉地磨炼节操品行而不知觉；生活在顺利的环境之中，在你的周围全是损害你身体性命的武器，使你脂肪融化、骨骼糜烂而不知道。

八三

生长富贵丛中者，嗜欲[1]如猛火，权势似烈焰。若不带些清冷气味，其火焰不至焚人，必将自焚[2]。

【注释】 ①嗜欲：泛指各种嗜好和欲望。《韩非子·解老》："嗜欲无限，动静不节。"②自焚：一本作"自烁矣"。

【译文】 生活在富有尊贵环境中的人，嗜好和欲望都很强烈如同猛火，权力和势力很大如同烈焰。如果这些人头脑不稍稍冷静一些，这猛火烈焰非但不会把别人烧掉，反而恰恰会把这些人自己烧死。

八四

人心一真[1]，便霜可飞[2]、城可陨[3]、金石可贯[4]。若伪妄[5]之人，形骸徒具[6]，真宰已亡[7]。对人则面目可憎；独愿则形影自愧[8]。

【注释】 ①真：真实、真诚，与"伪"、"假"相对。②霜可飞：《淮南子》："邹衍事燕惠王，尽忠。左右谮之，王系之。衍仰天而哭，夏五月，天为之下霜。"③城可陨：《列女传》："齐人杞梁，袭莒，战而死，其妻无所归，乃枕夫尸于城下而哭之，七日而城崩，妻遂投淄水而死。"④金石可贯：参见《史记·李将军列传》李广射虎贯石事。《朱子语类》说过阳气生发，金石亦透，精神一到，何事不成的话。⑤伪：作伪，虚假。妄：虚妄不实。《荀子·儒效》："见之而不知，虽识必妄。"⑥形骸：谓人的形体。《庄子·逍遥游》："岂唯形骸有聋盲哉？夫知亦有之。"⑦"真宰"句：《朱子语类辑略》："心若不存，一身便无主宰。"⑧形影自愧：即自我感到惭愧。影自随形，犹今言主心骨。

【译文】 只要你真心诚意，即使是五月也会下霜、城墙也可哭倒、石头也能射穿，精神一到，有什么事情不会成功呢？但假如是虚妄不实的人，空空地具备形体，真心已经消亡，在别人面前面目显得可恶，独自一人之时则会感到无限惭愧。

八五

文章做到极处，无有他奇，只是恰好；人品做到极处，无有他异，只是本然。

【译文】 做得最好的文章，没有什么其他的新奇，只是使人感到一切都恰到好处；炼得极好的人品，也没有什么其他的奇异，只是恢复到了人本来该有的面貌。

八六

以幻迹[①]言，无论功名富贵，即肢体亦属委形[②]；以真境言，无论父母兄弟，即万物皆吾一体[③]。人能看得破、认得真，才可以任天下之负担，亦可脱世间之缰锁[④]。

【注释】 ①幻：佛教术语，空法十喻之一，《智度论》五十五："众生如幻，听法者亦如幻。"幻迹：虚幻的世界现象。②"即肢"句：《庄子·知北游》："舜曰：'吾身非吾有也。孰有之哉？'曰：'是天地之委形也。(天地付属之形)'"庄子认为人体是天地阴阳结聚刚柔和顺之气而成，气散而死，故身非己有，自己不能控制。③"即万"句：《庄子·齐物论》："天地与我并生，而万物与我为一。"意谓我能与天地无极，则天地与我并生，我不必与万物相竞则万物与我为一。一体：比喻关系密切，如同一个整体。④缰锁：世俗间之名缰利锁。

【译文】　以空幻的迹象来说，不要说功名富贵是虚假的，即使是人的四肢身体都只是天地阴阳之气聚集而成的，以真实的境界来说，不要说父母兄弟可以合而为一，即使是天下万物也可合而为一。人要能看破，认得真，才可以担负天下兴亡的重担，也可摆脱世俗之间的名缰利锁。

八七

爽口之味[①]，皆烂肠腐骨之药，五分便无殃；快心之事，悉败身丧德[②]之媒，五分[③]便无悔。

【注释】　①爽：开朗、畅快。苏鹗《杜阳杂编》卷中："龙膏酒，黑如纯漆，饮之令人神爽。"②悉：都是。丧德，一本作"散德"，一本作"丧检"。③五分：以十分为整，五分仅及其半。

【译文】　那些吃起来使人感到爽口舒服的食品，实际上都是些使人肠子烂掉骨头腐掉的药品，吃到五分为止便不会遭殃；那些做起来使人感到称心如意的事情，实际上都是些使人功业毁掉品德丧失的媒介，做到五分为止便不会悔恨。

八八

不责人小过；不发[①]人阴私；不念人旧恶[②]。三者可以养德，亦可以远害[③]。

【注释】　①发：揭露。②"不念"句：《论语·公冶长》："伯夷、叔齐不念旧恶，怨是用希。(即用是怨希，因此怨恨他们的也少。希，同稀。)"③远害：避免遭到祸害。

【译文】　不责备别人细小的过失，不揭发别人隐秘的私事，不记念别人以前的错误。做到了这三条，可以修养自己良好的品德，也可以远离祸害。

八九

天地有万古，此身不再得。人生只百年，此日最易过。幸生其间者，不可不知有生之乐，亦不可不怀虚生[①]之忧。

【注释】　①虚生：白活，空过一生。

【译文】　世界是千年万年永远存在着的，但我们的生命不可能第二次获得。人生一世最多只能活到一百来岁，这个日子是最容易打发的事。有幸而生活在这个世界上的人们，不可以不知道如何享受这种生命的快乐，也不可以不怀有虚度此生的忧虑。

九〇

老来疾病，都是壮时招的，衰时罪业[①]，都是盛时作的。故持盈履满[②]，君子尤兢兢焉。

【注释】　①罪业：佛教指身、口、意三者犯罪的活动。《法苑珠林》载玄奘译《赞弥勒四礼文》："众生但能至心礼，无始罪业定不生。"业，一本作"孽"。②持盈履满：谓处于最盛满之时。

【译文】　人到年纪大时所得的疾病，实际上都是人在壮年时种下的病根；功业衰竭时出现的罪孽，都是功业鼎盛之时种下的祸根。因此，君子处于鼎盛之时，尤其应该兢兢业业，不能忘乎所以。

九一

市私恩不如扶公议[①]；结新知不如敦[②]旧好；立荣名不如种阴德[③]；尚奇节不如谨庸行[④]。

【注释】　①市：买。扶：扶植。②敦：厚交、深结。③种阴德：暗中积累一些阴德。阴：一本作"隐"。④尚奇节：崇尚特别美好的节操。谨庸行：在平常行动上谨慎小心。

【译文】　收买个人的感情不如扶植公共的舆论；结交新知的朋友不如加深与原来朋友的友谊；建立光荣的名声不如暗中积累一些阴德；崇尚出奇美好的节操不如在平常行动上小心谨慎。

九二

公平正论，不可犯手[①]，一犯手则贻羞万世；权门私窦[②]，不可著脚，一著脚则玷污[③]终身。

【注释】　①犯手：触手，即侵害意。②权门私窦：权势豪门的营私巢窟。窦：小门。③玷（diàn）污：污辱。玷，玉中的斑点。

【译文】　公平正确的舆论，不要去触犯，一触犯就会在历史上留下羞辱的名声；权势豪门的私营巢窟，不能去着脚，一着脚就会给一辈子的形象留下污点。

九三

曲意而使人喜[①]，不若直躬而使人忌[②]；无善而致人誉[③]，不如无恶而致人毁[④]。

【注释】　①曲意：委屈己意。②直躬：以直道立身。躬，一本作“节”。③致：招致，受到。誉：称誉，说好话。④无恶：没有恶行和过错。毁：毁谤，说坏话。

【译文】　委屈己意而使别人高兴，不如正道直行而使人有所忌惮；没有善行而受到别人称赞，不如没有恶行过错而受到别人毁谤。

九四

处父兄骨肉之变[①]，宜从容，不宜激烈；遇朋友交游之失，宜剀切[②]，不宜优游[③]。

【注释】　①变：变故，指纠纷矛盾。②剀（kǎi）切：切实，切中事理。③优游：悠闲自得，漠不关心。

【译文】 当着父母兄弟之间发生矛盾纠纷的时候，应该真诚地缓和矛盾，不应该使矛盾激化；遇到朋友交游有什么错误过失的时候，应该恳切规劝，不要悠闲自得，漠不关心。

九五

小处不渗漏[①]；暗处不欺隐[②]；末路不怠荒[③]，才是真正英雄。

【注释】 ①“小处”句：小处渗漏，不碍大体，易为人所忽，以喻做人注意行大道外亦注意修小节。②欺隐：欺诈掩蔽。③末路：指失意落魄时。怠荒：懈怠放荡。

【译文】 为人处世，极小的地方也毫不马虎，没有人注意的地方也不欺诈掩蔽，失意落魄的时候也不懈怠放荡，这才是真正的英雄。

九六

惊奇喜异者终无远大之识[①]；苦节独行者要有恒久之操[②]。

【注释】 ①“惊奇”句：远见卓识者对未来事物分析判断准确，一切自在料中，当不视为奇异而惊喜。一本无“终”字。②苦节独行：苦守节操，志向高尚，不随俗浮沉。一本“要有”二字作“非”，与此意有别。

【译文】 对于奇异之事感到惊喜的人终究都是些没有远大见识的；苦守节操、志向高尚的人要具有不为外界事物所动的稳定永恒的信仰。

九七

当怒火欲水正腾沸时，明明知得，又明明犯着。知的是谁？犯的又是谁？此处能猛然转念，邪魔便为真君子矣[①]。

【注释】 ①邪魔：佛教以妄见为邪魔，此指鬼怪。末二句一本作："此处能猛省，转念回头，便为真君子矣。"意近。

【译文】 当愤怒之火正在燃烧、欲望之水正在沸腾之时，明明知道事情的后果，却偏偏要去干这件事情。知道的是谁？犯着的又是谁？这个时候假如能猛然觉悟改变主意，妖魔鬼怪也能成为真正的君子了。

九八

毋偏信而为奸所欺，毋自任而为气所使[①]。毋以己之长而形[②]人之短，毋因己之拙而忌人之能。

【注释】 ①自任：与上言"偏信"之信人相对，即自信。气：意气。又宋儒以发乎血气的生理之性为客气。②形：对比对照。

【译文】 不要随便相信别人而被奸邪所欺骗，也不要过于自信而为意气所驱使。不要以自己的长处去映衬别人的短处，也不要因为自己的笨拙而妒忌别人的才能。

九九

人之短处[①]，要曲为弥缝[②]。如暴而扬之[③]，是以短攻短。人有顽的[④]，要善为化诲[⑤]。如忿而嫉[⑥]之，是以顽济[⑦]顽。

【注释】 ①短处：缺点、过失。②曲：婉转。弥缝：掩饰，弥补缝合。③暴而扬：揭露并张扬。④顽的：愚妄的地方。⑤化诲：感化教诲。⑥忿而嫉：愤怒而嫉恨。⑦济：救渡。

【译文】 别人的缺点与过失，要婉转地加以弥补缝合，如果给以揭露并予以张扬，这是以己之短攻人之短；别人有愚妄的地方，要好好地给予感化教诲，如表示愤怒与憎恨，这是以愚妄去救渡愚妄。

一〇〇

遇沉沉不语之士[①]，且莫输心，见悻悻自好之人[②]，应须防口。

【注释】 ①沉沉：即沈沈，原指宫室深邃的样子，此指人城府很深。《文选》司马相如《上林赋》："沈沈隐隐。"李善注曰："沈沈，深貌也。"②悻悻：愤恨不平，气量狭小的样子。《孟子·公孙丑下》："谏于其君而不受，则怨，悻悻然见于其面。"

【译文】 遇到城府很深不太说话的人，暂且不要披露真心；见到气量狭小自以为是的人，应该谨慎地不要多与之交谈。

一〇一

念头昏散[①]处，要知提醒；念头吃紧[②]时，要知放下。不然，恐去昏昏[③]之病，又来憧憧[④]之扰矣。

【注释】 ①昏散：糊涂散乱。②吃紧：急切，热中。③昏昏：糊涂的样子。④憧憧（chōng）：心思不能稳定的样子。

【译文】 思想糊涂散乱之时，要能够猛然清醒过来；思想急切热中之时，又要能够丢得开放得下。如果不是这样，恐怕克服了糊涂散乱的毛病之后，又会受到心情思想不稳定的干扰。

一〇二

霁日[①]青天，倏[②]变为迅雷震电；疾风怒雨，倏变为朗月晴空。气机何尝一毫凝滞[③]，太虚何尝一毫障蔽[④]。人之心体亦当如是。

【注释】 ①霁（jì）日：晴朗的日子。霁：本指雨止，引申为风雪停，云雾散，天气放晴。《尚书·洪范》："日雨月霁。"②倏（shū）：疾速，忽然。③气机：气的运行。凝滞：黏滞、不流动。④太虚：太空。障蔽：一本作"障塞"。

【译文】 刚才还是青天白日的好天气，一下子会忽然变成雷电交加、大雨倾盆；刚才还是狂风暴雨的坏天气，一会儿会突然转为朗朗青天，晴空万里。自然界的气象何尝有一点儿的黏滞不动，天空也何尝有一点儿的阻塞隐蔽。人的思想也应该如此。

一〇三

胜私制欲[1]之功，有曰识[2]不早力不易者；有曰识得破忍不过者。盖识是一颗照魔的明珠；力是一把斩魔的慧剑。两不可少也。

【注释】 ①胜私制欲：战胜私心，控制私欲。②识：佛教术语，心之别名，了别之义，心对于境而了别叫做识。在此即认识的意思。力：尽力求取。

【译文】 至于战胜私心、控制欲念不能见效的问题，有人说这是因为认识不早力量不够的缘故，有人说这是因为虽然认识得到但是忍耐不过的缘故。因此我们说："识"是一颗照魔的明珠，"力"是一把斩魔的慧剑，两者都是不可缺少的。

一〇四

横逆[1]困穷，是锻炼豪杰的一副炉锤。能受其锻炼者，则身心交益，不受其锻炼者，则身心交损。

【注释】 ①横逆：强暴不顺理。《孟子·离娄下》："有人于此，其待我以横逆，则君子必自反也。"赵岐注："横逆者，以暴虐之道来加我也。"

【译文】 遭遇强暴无理的侵犯，处于困顿和穷愁之中，这些都是锻炼杰出人才的炉子与铁锤。如果经得起锻炼和磨难，那么身体与思想都能得到很大的好处；如果经不起这种锻炼和磨难，那么身体与思想都将受到损害。

一〇五

害人之心不可有，防人之心不可无。此戒疏于虑者[1]。宁受

人之欺，毋逆人之诈[2]。此警伤于察者[3]。二语并存，精明而浑厚矣[4]。

【注释】 ①"此戒"句：这是警戒那些考虑问题不认真细心、疏忽大意的人的。②逆诈：事先即猜疑别人存心欺诈。《论语·宪问》："不逆诈，不忆不信。"邢昺疏："不可逆料人之诈，不可忆度人之不信也。"逆，预先猜度，猜疑。③伤于察者：毛病在看问题太细致清楚的人。④精明：精细明察。浑厚：淳朴厚道。

【译文】 "害人之心不可有，防人之心不可无。"这是用来警戒那些考虑问题不认真细致、疏忽大意的人的。"宁受人之欺，毋逆人之作。"这是用来警戒那些考虑问题太清楚太细致的人的。同时记住这两句话，那么人就会既精细明察又淳朴厚道了。

一〇六

毋因群疑而阻独见[1]，毋任己意[2]而废人言，毋私小惠[3]而伤大体，毋借公论以快私情[4]。

【注释】 ①阻独见：堵塞个别人的正确意见。②任己意：任凭己意，为所欲为。任，放纵，不拘束。③私小惠：谋取个人小的好处。④"毋借"句：不借助于舆论来满足个人私心。

【译文】 不要因为大部分人的疑虑而堵塞了个别人的正确意见，不要任凭己意为所欲为而废弃了别人的意见，不要为了谋取个人的小好处而损害了整体的利益，不要借助舆论的力量来满足自己个人的私心。

一〇七

善人未能急亲[1]，不宜预扬[2]，恐来谗谮之奸[3]；恶人未能轻去[4]，不宜先发[5]，恐招媒孽[6]之祸。

【注释】 ①急亲：急切亲近。②预扬：预先张扬。③来：招来。谗谮：毁谤中伤。④轻去：轻易使他离开。⑤发：揭露。⑥媒孽：媒，酒母，孽通蘖，曲。作酒时酝酿之用。比喻构陷诬害，酿成祸害。

【译文】　好人不能很急地亲近，在亲近之前也不要预先张扬，恐怕会招来奸人的毁谤中伤；坏人不能轻易使他离去，在离去之前也不要预先揭露，恐怕会招来坏人的构陷诬害，酿成祸患。

一〇八

一翳[①]在眼，空花乱起；纤尘着体[②]，杂念纷飞。了翳无花，销尘绝念。

【注释】　①翳（yì）：此处指一根小的鸟毛。②尘：佛教称人间为尘，如“尘世”、“凡尘”。这儿亦可理解为“世俗”，《老子》四：“和其光，同其尘。”

【译文】　一丝细小的鸟毛沾在眼球上，眼前会出现空花乱飞的景象；细小的“凡尘”沾在身体之上，各种复杂的念头会纷纷来临。拿掉了小毛，就没有了空花；去掉了凡尘，就断绝了杂念。

一〇九

青天白日[①]的节义，自暗室屋漏[②]中培来；旋乾转坤的经论，从临深履薄中操出[③]。

【注释】　①青天白日：此喻清明、明白。宋朱熹《答魏元履书》：“武侯（即诸葛亮）名义俱正，无所隐匿，其为汉复仇之志，如青天白日，人人得而知之。”②暗室屋漏：与前句青天白日相对，言不为他人所见之处。《梁书·武帝纪下》：“性方正，虽居小殿暗室，恒理衣冠。”屋漏：房子的西北角。古人设床在屋的北窗旁，因西北角上开有天窗，日光由此照射入室，故称屋漏。《诗·大雅·抑》：“相在尔室，尚不愧于屋漏。”疏：“屋漏者，室内处所之名，可以施小帐而漏隐之处，正谓西北隅也。”培：培养、培植。③临深履薄：《诗·小雅·小旻》：“如临深渊，如履薄冰。”极言其战战兢兢、小心谨慎的样子。操，操练演习。

【译文】　像青天白日一般的节操与义行，往往是在无人理会的艰苦条件下培植出来的；能转变世界前进方向的宏伟策略，往往是在必须极其小心的生活环境中总结出来的。

一一〇

父慈子孝，兄友[①]弟恭。纵做到极处，俱是合当如是，着不得一毫感激的念头。如施者任德[②]，受者怀恩[③]，便是路人，便成市道[④]矣。

【注释】　①友：友善、友爱。②施：给予。任德：意为以德自居。③怀恩：记住所受恩德。④市道：买卖的方式。

【译文】　父母慈祥，子女孝顺，兄长友爱，弟弟恭敬。这一切即使做到了极点，也都是应当这样子的，思想上不必有一点感激的念头。如果给予者以德自居，接受者记住所受恩德，这样便成为过路之人了，也便成为一种买卖的方式了。

一一一

炎凉之态，富贵更甚于贫贱；妒忌之心，骨肉尤狠于外人。此处若不当以冷肠[①]，御以平气[②]，鲜不日坐烦恼障中矣[③]。

【注释】　①当：应对。冷肠：对人对事冷淡、淡漠。《颜氏家训·省事》："墨翟之徒，世谓热腹；杨朱之侣，世谓冷肠。"②御：驾驭。平气：平静的气度。③鲜：少、没有。日：每天每日。烦恼障：佛教指身心为贪欲所困惑而产生的精神状态叫烦恼。《成唯识论》四："此四常（我痴、我见、我慢、我爱）起，扰浊内心，令外转识，恒成杂染。有情由此生死轮回，不能出离，故名烦恼。"烦恼能障碍圣道，佛教又称烦恼为障，此为合说。

【译文】　炎凉的世态，在富足尊贵的人中，比起贫困卑贱的人来更加显得突出；妒忌的心思，在亲生骨肉同胞中，比起外界之人来显得更加凶狠。这个时候，如果不用冷淡的态度来应对，不用平静的气度来驾驭，很少有人不是每天生活在烦恼的精神状态中的。

一一二

功过不宜少混[①]，混则人怀惰隳[②]之心；恩仇不可太明，明则人起携贰[③]之志。

【注释】　①混：混同不加区别。②惰隳（huī）：懈怠，灰心丧气。③携贰：离心离德。携，离。贰，二心。《左传·襄公四年》：“诸侯新服，陈新来和，将观于我，我德则睦，否则携贰。”

【译文】　功劳和过错不应该有一点儿混同，如果不加区别，人们就会出现懒惰灰心的情况；恩情和怨仇虽然应该记在心里，但不可以表面区分得太为分明，如果太为分明了，人们就会产生叛变离开的心思。

一一三

恶忌阴[①]，善忌阳[②]。故恶之显者祸浅，而隐者祸深；善之显者功小，而隐者功大。

【注释】　①恶忌阴：做坏事忌讳隐暗不为人知。②善忌阳：做好事忌讳明亮显露于人。

【译文】　做坏事忌讳隐暗不为人知，做好事忌讳明亮显露于人。因此为人所知的明显的坏事祸害浅些，不为人知隐晦的坏事祸害就深些；明显的为人所知的好事功德小些，不为人所知隐蔽的好事功德大些。

一一四

德者才之主，才者德之奴。有才无德，如家无主而奴用事[①]矣，几何不魍魉[②]猖狂？

【注释】　①用事：执政，当权。②几何：犹言若干，多少。魍魉：传说中山川里的精怪。

【译文】　品德是才能的主人，才能是品德的奴才。有才能而没有品德，好像是家中没有了主人而奴才执政当权，有几个不像妖魔那样猖狂？

一一五

锄奸杜幸[①]，要放他一条去路。若使之一无所容，便如塞鼠穴者，一切去路都塞尽，则一切好物都咬破矣。

【注释】 ①奸：自私、诈伪。《管子·重令》：“奸邪得行，毋能上通。”幸：亲幸，宠幸。《后汉书·黄香传》：“宠遇甚盛，议者讥其过幸。”幸尽，犹言宠尽。杜幸：杜绝佞幸小人。

【译文】 除去奸邪、杜绝佞幸，要给他们一条出路。如果叫他们走投无路，无所容身，那么这就像打老鼠的人不但把鼠穴塞住，还把一切去路都堵塞了，这样一来一切好的物品全都要被咬破了。

一一六

士君子贫不能济物者[①]，遇人痴迷处[②]，出一言提醒之；遇人急难处，出一言解救之，亦是无量功德[③]矣。

【注释】 ①士君子：有志节之士。济物：助人。古代哲学与我相对皆称物。②痴迷：爱好一件事物至于入迷。③无量功德：不可计量的大功德。佛教称多、大而不可计量为无量。《摄大乘论》释八：“不可以譬类得知为无量。”

【译文】 士君子生活贫乏，虽然不能从物质上帮助别人，但如果看到有人陷入痴迷状态中，可以讲一句话提醒他；遇到有人处于紧急的危难之中，讲几句话来解救他，这也是不可计量的功德啊！

一一七

处己者触事皆成药石[①]，尤人者动念即是戈矛[②]。一以辟众善之路；一以浚[③]诸恶之源。相去霄壤[④]矣。

【注释】 ①处己：归求于己，善于对付自己，遇事要求自己。《礼记·檀弓下》：“（颜渊）谓子路曰：‘何以处我？’”药石：药，方药。石，砭石。皆用以治病。这里引申为经验教训。②尤人：责怪、归咎别人。戈矛：伤人的凶器。③浚：开导、疏通河道。④霄壤：天上地下，喻相差极远。

【译文】 严格要求自己的人碰到事情总是把责任引归自己并且善于总结经验教训，而遇事惯于把责任推给别人的人一动念头就会伤人。前者开辟了众多的善良之路，后者开通了万恶的源泉。两者对比实在一个是在天上，一个是在地下，相去极远。

一一八

事业文章，随身销毁，而精神万古如新；功名富贵，逐世转移，而气节千载一时[①]。吾信不当[②]以彼易此也。

【注释】 ①一时：一本作“一日”。②吾：一本作“群”，一本作“君子”。不当：一本无“当”字。

【译文】 人生的事业文章，会随着人的死亡而销除毁灭，但精神万古如新；人生的功名富贵，会一代一代地转移，但是志气节操千载永存。我们实在不应该拿一时的事业文章、功名富贵来交换永存的精神和气节。

一一九

鱼网之设，鸿则罹其中[①]；螳螂之贪[②]，雀又乘其后。机[③]里藏机，变[④]外生变。智巧何足恃哉？

【注释】 ①“鱼网”二句：《诗·邶风·新台》：“鱼网之设，鸿则罹之。”罹（lí）：遭遇。言设网为得鱼，而鸿扑其中。②“螳螂”二句：此指“螳螂捕蝉，黄雀在后”这一故事。见前注，详《说苑·正谏》。③机：机关、关键。④变：变异，灾异变怪。

【译文】 设置渔网为了捕鱼，没有想到鸿鸟扑入其中；螳螂贪图鸣蝉，哪知道身后还有黄雀。机关里面还藏着机关，变怪外面又生出变怪。智慧灵巧哪里能靠得住呢？

一二〇

作人无一点真恳的念头，便成个花子[1]，事事皆虚；涉世无一段圆活的机趣[2]，便是个木人，处处有碍。

【注释】 ①花子：妇女饰面的花钿。段成式《酉阳杂俎前集·黥》："今妇人面饰用花子，起自昭容上官氏所制，以掩点迹。"②圆活：圆润灵活。机趣：机巧中的兴味。

【译文】 做人假如没有一点儿真实诚恳的念头，便成了妇女饰面的花钿，样样都是虚假的；处世如果没有一点儿圆润灵活的趣味，便成一个木头做成的人，到处都有障碍。

一二一

有一念而犯鬼神之禁，一言而伤天地之和，一事而酿子孙之祸者，最宜切戒！

【译文】 最最应该牢记并且要引以为戒的是：千万不要产生任何一个会触犯鬼神禁忌的念头，千万不要乱说任何一句会伤天地之间和气的话语，千万不要去做任何一件会给子孙后代遗留下灾祸的事情。

一二二

事有急之不白者，宽之或自明，毋躁急以速其忿[1]；人有操之不从者[2]，纵之或自化[3]，毋操切以益其顽[4]。

【注释】 ①速其忿：加速他因怨而暴怒。②操：驾驭。一本作"切"。从：顺从。③纵：放。化：转化，一本作"明"误。④操切：胁迫，牵制。益其顽：增加其顽固的程度。

【译文】 有些事情，在急急忙忙之中弄不清楚的，可宽限一段时间，自然会得以明白，千万不要因为急躁而加速当事者的愤怒；有些人，驾驭他而不顺从的，可以放纵他，让他自己得到转化，千万不要胁迫他而增加他顽固的程度。

一二三

节义傲青云[1]，文章高《白雪》[2]。若不以德性陶熔[3]之，终为血气之私[4]，技能之末[5]。

【注释】 ①青云：封建社会称升官为平步青云，故可理解为高官显爵。②白雪：通常与《阳春》连称，皆为战国时高级乐曲名。《文选》宋玉《答楚王问》："客有歌于郢中者，其始曰《下里》、《巴人》，国中属而和者数千人；其为《阳阿》、《薤露》，国中属而和者数百人，其为《阳春》、《白雪》，国中属而和者不过数十人。"③德性：儒家指人的自然禀性，《礼·中庸》："故君子尊德性而道问学。"④血气：感情冲动。《孟子·公孙丑上》："则夫子过孟贲远矣。"朱熹注："孟贲，勇士，血气之勇。"私：偏爱。屈原《离骚》："皇天无私阿兮。"王逸注："窃爱为私。"⑤末：末流，低级水平。

【译文】 节操和信心比天上的青云还要高，辞赋诗歌比《阳春》、《白雪》还要好。但假如不用品德之性去陶冶熔化，这节操信义终究只是感情冲动而产生的偏爱，这辞赋诗歌也不过是技巧能力中的末等水平。

一二四

谢事[1]当谢于正盛之时；居身宜居于独后之地[2]；谨德[3]须谨于至微之事；施恩务施于不报之人。

【注释】 ①谢事：辞去官职。苏轼《送仲素寺丞归潜山》诗："潜山隐居七十四，绀瞳绿发初谢事。"②居身：处身。独后：独自在后，意谓处身不与人争。③谨德：谨慎地修养德行。

【译文】 辞职应当辞在做官做得最好的时候；处身应该安排在最后的位置；谨慎地修养品德必须注意极其细小的事情；施人恩惠一定要施给那些

不会报答的人们。

一二五

德者事业之基，未有基不固而栋宇坚久者[①]；心者修齐之根[②]，未有根不植而枝叶荣茂者[③]。

【注释】①“德者”二句：唐魏徵《谏太宗十思疏》：“思国之安者，必积其德义……德不厚而思国之安，臣虽下愚，知其不可。”与此句义同。②“心者”句：《礼记·大学》：“古之欲明明德于天下者，先治其国；欲治其国者，先齐其家；欲齐其家者，先修其身；欲修其身者，先正其心。”修齐，一本作“后裔”。③“未有”句：唐魏徵在《谏太宗十思疏》：“求木之长者，必固其根本……根不固而求木之长，……知其不可。”与此句义近。

【译文】 德行是事业成功的基础，没有基础不牢固而房屋能够造得坚固长久的；思想是修身齐家的根本，没有不培养树之根而树木能够枝繁叶茂的。

一二六

道[①]是一件公众的物事[②]，当随人而接引[③]；学[④]是一个寻常的家饭[⑤]，当随事而警惕[⑥]。

【注释】 ①道：佛教术语，能通之义，大体有三种：一有漏道，善业通人使至善处，恶业能人使趣恶处，故善恶二业谓之道，所至所趣之处亦名为道。二元漏道，七觉八正等法，能通行人使至涅槃，故谓之道，又行体虚融无碍，故为通之义，以通故，名为道。三涅槃之体，排除一切障碍，无碍自在，谓之道。②物事：事情。《隋书·张衡传》：“（大业）八年，帝自辽东还都，衡妾言衡怨望，谤讪朝廷，竟赐尽于家。临死，大言曰：‘我为人作何物事，而望久活。’”③接引：佛教谓佛引导众生入西方净土为接引。《观无量寿经》：“观世音菩萨……其光柔软，普照一切，以此宝弄，接引众生。”④学：佛教术语，学修戒、定、慧三者，因位（修行佛因之位自发心至成佛之间）曰学，果上（修行之间曰因位，依修行动而得证之位曰果地，此果地为因位之上，故又曰果上）曰无学。⑤家饭：禅录之语，家中常有之茶饭。⑥警惕：戒惧。明张居正《答参议吴道南》："辱教，满纸皆药石之言，但谓仆骄抗，轻弃天下士，则实未敢，然因此而益加警惕，无不可也。"

【译文】 学道是一件同大家都有关的事情，应当按照各人情况的不同而采用不同的引导方法；修行是每户人家都有的事情，应当随顺着事情的演进而经常存在着一种戒惧之心。

一二七

学道之人，虽曰有①心，心常在定②，非同猿马③之未宁。虽曰无④心，心常在慧⑤，非同株块⑥之不动。

【注释】 ①有：佛教术语。对于"无"或"空"而言。有"实有"、"假有"、"妙有"等区别，如三世实有是实有，因缘依他之法是假有，圆成实性是妙有。②定：佛教术语。定止心于一境，不使散动。心性的作用，有二类：一、生得之散定；二、修得之禅定。生得之散定名，欲界之有情亦生之，与心相应而起，专论于所对之境之作用也；修得之禅定者，为色界、无色界心地之作用，必勤行修习而得之者也。③猿马：即心猿意马、心神不定。④无：佛教术语。以世俗之语释之，只是否定事物存在之辞。以胜义释之，则无有二种，一是惑智之无、一是圣智之无。惑智之无，仅为断见；圣智之无，则超于有无之妙无也。⑤慧：佛教术语。分别事理、决断疑念之作用也，又通达事理之作用也。智与慧虽为通名，然二者实相对，达于有为之事相为智，达于无为之空理为慧。⑥株块：株，露出地面的树根，块，土块，均比喻愚顽无知。

【译文】 学习"道"的人，如果他是属于"有"这一宗派的，那么他的心要能做到止于一境而不散动，不能像猿猴、马儿一样心神不定；如果是属于"无"这一宗派的，那么他的心要能分别事理、决断疑念，不能像树根那样一动也不动。

一二八

念头宽厚的[①]，如春风煦育[②]，万物遭之而生；念头忌克[③]的，如朔雪阴凝，万物遭之而死。

【注释】 ①念头：心思，心中的打算。元陈镒《次韵吴学缘春日山中杂兴诗》四："功名老去念头轻，尽日看山眼倍明。"②"如春"二句：好像在和暖的春风吹拂下万物繁育滋生。③忌克：猜忌刻薄。

【译文】 心胸宽大博厚的，好像和煦的春风，万物遇到它繁育滋长；心胸猜忌刻薄的，好像冬雪已凝为冰，万物遇到它纷纷死亡。

一二九

勤者敏于德义[①]，而世人借勤以济[②]其贪；俭者淡于货利，而世人假俭以饰其吝[③]。君子持身之符[④]，反为小人营私之具矣。惜哉！

【注释】 ①敏：勤勉。德：福、利。《礼记·哀公问》："君之及此言也，百姓之德也。"义：宜，适宜，合理，适宜的事称义。《易·乾》："利物足以和义，贞固足以干事。"疏："言天能利益庶物，使物各得其宜。"②济：助。③假：借。饰：掩盖、文饰。④持身之符：此言勤、俭乃君子修身之标准与精神力量。

【译文】 勤劳的人勉力于福利事业，但世俗之人借勤劳为名来满足自己的贪欲；节俭的人淡薄于钱财利益，但世俗之人借节俭为名来掩饰自己的吝啬。勤劳和节俭本来是君子修身的标准与精神力量，可是反倒成了小人为个人营私谋利的工具，真使人感到可惜啊！

一三〇

人之过误宜恕，而在己则不可恕[①]，己之困辱[②]当忍，而在人则不可忍。

【注释】 ①恕：宽宥、原谅。②困辱：困厄屈辱。

【译文】 别人犯有错误过失应该宽宥原谅，而自己犯有错误过失则不可宽宥原谅；自己遇到困厄屈辱应当忍受，但眼看着别人遇到困厄屈辱则不可以袖手旁观，无动于衷。

一三一

恩宜自淡而浓，先浓后淡者，人忘其惠[①]；威宜自严而宽，先宽后严者，人怨其酷。

【注释】 ①惠：恩惠。

【译文】 给人恩惠应该先淡薄而后浓厚，如果是先浓厚而后淡薄，那么受惠的人会忘掉这些恩惠；树立威信应该先严格而后宽容，如果是先宽容而后严格，那么人们就会怨恨这些暴虐。

一三二

士君子处权门要路，操履[①]要严明，心气要和易[②]。毋少随而近腥膻之党[③]，亦毋过激而犯蜂虿之毒[④]。

【注释】 ①操履：行为。②和易：温和平易。③少随：稍许的顺随放任。腥膻：恶臭气味。此形容奸邪为恶之朋党。④蜂虿（chài）之毒：蜂和蝎均以毒尾螫人，故称。虿，蝎子。

【译文】 士君子生活在当权者中间的时候，品操行动要严肃明朗，心情脾气要温和平易，不要稍微随和而接近那些奸邪的朋党，也不要操之过急而去触犯那些恶毒的坏人。

一三三

遇欺诈的人，以诚心感动之；遇暴戾[①]的人，以和气薰蒸[②]

之；遇倾邪私曲[③]的人，以名义气节激砺之。天下无不入我陶熔[④]中矣。

【注释】 ①暴戾（lì）：残暴。②薰蒸：熏陶感化。③倾邪私曲：奸邪不公正。《礼记·曲礼》："倾侧奸。"《管子·五辅》："公法行而私曲止。"④陶熔：一本作"陶冶"。即规范。见前注。

【译文】 对于欺诈的人，要用一片真心去感动他；对于残暴的人，要用平和之气去熏陶他；对于奸邪不公正的人，要用名义气节去激励他。这样一来，世上就没有人不受到我们的规范和感化了。

一三四

一念慈祥[①]，可以酝酿两间和气[②]；寸心洁白[③]，可以昭垂[④]百代清芬。

【注释】 ①一念：佛教术语。佛教称思念对境一次为一念，也即我们平常所说的一动念。沈约《却东西门行》："一念起关山，千里顾丘窟。"慈祥：仁慈和蔼。②酝酿：酒的酿成，须经一定的时日，因以比喻事情逐渐达到成熟的准备过程。两间：天地之间。③寸心：犹言区区之心。何逊《夜梦故人》诗："相思不可寄，直在寸心中。"④昭垂：照耀留传。

【译文】 思想上的仁慈和蔼，可以酝酿天地之间的平和之气；区区寸心洁白无瑕，可以照耀人间永世留下芳香。

一三五

阴谋怪习[①]，异行奇能，俱是涉世的祸胎[②]。只一个庸德庸行[③]，便可以完混沌[④]而招和平。

【注释】 ①阴谋：暗中计议，诡秘的计谋，《史记·陈丞相世家》："我多阴谋，是道家之所禁。"后多指暗中策划做坏事。怪习：怪异的习性（脾气）。②祸胎：招祸的根由和起因。《汉书·枚乘传》："福生有基，祸生有胎。”注：“基、胎，皆始也。”③庸德：平凡、不出众的道德。《中庸》：“庸德之行，庸言之谨，有所不足，不敢不勉。”庸行：日常平凡行为。《易·乾》：“庸言之信，庸行之谨。”④完混沌：把天地未开辟之前那种元气保全完好，意谓保持事物原貌真质，不尚标异立新。

【译文】 诡秘的计谋，怪异的习性，不同于一般人的行为与才能，这些都是人生道路上招祸的根由和起因。只有那平凡的品德，普通的行为，倒可以把天地未开辟之前那种元气保全完好，而招致和平安稳。

一三六

语云：登山耐险路，踏雪耐危桥[①]。一“耐”字极有意味。如倾险[②]之人情，坎坷之世道，若不得一“耐”字撑持过去，几何不堕入榛莽[③]坑堑哉？

【注释】 ①“语云”两句：登山要经得起走险路，踏雪要禁得起走危桥。耐：忍，禁受得了。险路：一作“侧路”。②倾险：邪辟险恶。③榛莽：杂乱丛生的草木。

【译文】 谚语说：“登山耐险路，踏雪耐危桥。”这一个“耐”字极有意思而颇值得人思考。譬如说，人心世情的邪辟险恶，人生道路的坎坷不平，如果不是依靠一个“耐”字撑持过去，难道不会落入那草木杂乱丛生的坑堑之中吗？

一三七

夸逞功业[①]，炫耀文章[②]，皆是靠外物[③]做人，不知心体莹然[④]，本来不失，即无寸功只字，亦自有堂堂正正做人处。

【注释】 ①夸：大言、自吹、夸耀。逞：卖弄。②炫耀：夸耀。③外物：心体之外的事物。④莹然：像玉石一样光洁明亮。

【译文】 吹嘘卖弄自己的功劳和业绩，炫耀自己所作的文章和诗歌，这些都是依靠心体之外的事物做人。这些人不知道自己本身心体像玉石一样光洁明亮，只要本色没有失掉，即使没有一寸功劳不写一个文字，也自然有可以堂堂正正做人的资格。

一三八

不昧[1]己心，不拂[2]人情，不竭物力。三者可以为天地立心，为生民立命[3]，为子孙[4]造福。

【注释】 ①昧：隐蔽不明、欺瞒。《荀子·大略》："蔽公者谓之昧，隐良者谓之妒。"②拂：逆、违背。③生民：人民。立命：修身以顺从天命。④子孙：一本作"后裔"。

【译文】 不欺瞒自己的良心，不违背人们的感情，不用尽物资和财力。做到这三点，可以为天地立心，为人民立命，为子孙造福。

一三九

居官有二语，曰：惟公则生明[1]，惟廉则生威[2]。居家有二语，曰：惟恕则平情[3]，惟俭则足用。

【注释】 ①公则生明：《荀子·不苟》："公生明，偏生暗。"谓无私心则可明察秋毫。②廉则生威：谓居官清廉，威信自生。③恕：宽容。《论语·卫灵公》："子贡问曰：'有一言而可以终身行之者乎？'子曰：'其恕乎！己所不欲，勿施于人。'"平情：感情和洽。一本作"情平"，义同。

【译文】 出仕任官，有两句话："只要没有私心就可以明察秋毫，只要清正廉明就可以树立威信。"闲居在家也有两句话："只要待人宽容，家中一定感情融洽，只要勤俭节约，家中一定足够开支。"

一四〇

处富贵之地，要知贫贱的痛痒；当少壮之时，须念衰老的辛酸。

【译文】 生活在富有尊贵的环境之中，要知道贫穷卑贱的痛苦；正当少年壮年的健康时候，要常常想到衰弱年老之人的辛酸。

一四一

处安乐之场，当体[①]患难景况；立旁观之地，要知当局[②]苦衷；理现成之事，宜审[③]创始艰辛。

【注释】 ①体：体谅，体察。②当局：身当其事者。③审：详察。

【译文】 生活在安乐的场所，应当体察患难之人的生活情况；站立在旁观的位置，应当知道当事之人的心里苦衷；继承现成的事业，应当详察创业之人的艰难辛苦。

一四二

持身不可太皎洁[①]，一切污辱垢秽要茹纳[②]得；与人不可太分明，一切善恶贤愚要包容[③]得。

【注释】 ①持身：立身处世。《列子·说符》："子列子学于壶丘子林，壶丘子林曰：'子知持后，则可言持身矣。'" 皎洁：一本作"高洁"。②秽：粘着在物体上的肮脏东西，引申为邪恶。茹纳：茹，吃下，纳，收入。即容纳义。③包容：一本作"涵容"。

【译文】 立身处世不可以太为高洁，一切污浊、耻辱、邪恶、肮脏都要能够容纳得下；对人态度不可太为分明，一切善良、凶恶、贤德、愚昧的人都要能够包容得下。

一四三

休与小人仇雠[①]，小人自有对头；休向君子谄媚，君子原无私惠。

【注释】 ①仇雠：仇人。在此为动词，即做仇人。

【译文】 不要与小人结为仇人，小人自然有他的冤家对头；不要向君子奉承讨好，君子本来就不讲究个人的恩德。

一四四

磨砺[①]当如百炼之金，急就者非邃养[②]；施为宜似千钧之弩[③]，轻发者无宏功[④]。

【注释】 ①磨砺：磨炼、锻炼。砺，磨石，用作动词，在石上磨。②邃养：深刻修养。全句谓急于事功者修养难深。③施为：行动。千钧之弩：力量很大的弩弓。千钧，极言力大。《汉书·律历志》载：三十斤为钧。④宏功：大的功效。

【译文】 磨砺就像那炼矿，经过无数次的锻炼才能炼成黄金，急于成功的人修养难以深刻；行动就像那拉弓，拉弓要拉那需要千钧之力才能拉动的强弓，轻轻就能拉动的弓没有大的功效。

一四五

建功立业者多虚圆[①]之士；偾事失机者必执拗[②]之人。

【注释】 ①虚圆：虚心圆转，灵活机变。②偾（fèn）事：败事。《礼记·大学》："一言偾事，一人定国。"执拗：固执，不顺随。

【译文】 能够建立功业的人一般都是虚心圆转、灵活机变的人；办事失败，失去机会的人一定是固执僵化、不会随机应变的人。

一四六

俭，美德也。过则为悭吝[①]、为鄙啬[②]，反伤雅道。让，懿行[③]也。过则为足恭[④]，为曲谨[⑤]，多出机心[⑥]。

【注释】 ①悭吝：吝啬，小气。②鄙啬：浅俗，斤斤计较得失。③懿行：美好的行为。④足（jù）恭：过分恭顺以取媚于人。⑤曲谨：即小廉曲谨，小处廉洁谨慎。意指不识大体，随波逐流，只知拘执小节。⑥机心：机巧的心思。《庄子·天地》：“有机事者，必有机心，机心存于胸中，则纯白不备。”后指深沉的权变，机巧不实的心计。

【译文】 节俭是美好的品德，但过分节俭那就是吝啬、小气，是斤斤计较得失的浅俗，反而有伤正道；谦让是美好的行为，但过分谦让那就是近乎谄媚，是不识大体的拘执小节，反而会生出深沉权变的心计。

一四七

毋忧拂意①；毋喜快心②；毋恃久安③；毋惮初难④。

【注释】 ①拂意：意愿不顺遂。②快心：快意。③恃：依赖、依靠、凭借。《左传·僖公二十六年》：“室如县（悬）罄，野无青草，何恃而不恐?”④惮（dàn）：惧怕。初难：开始遇到的困难。

【译文】 不要为意愿的不顺遂而忧愁；不要为事情的称心快意而欢喜；不要依赖那长久的安定；不要害怕事情开始时的困难。

一四八

饮宴之乐多，不是个好人家；声华之习胜①，不是个好士子；名位之念重，不是个好臣士。

【注释】 ①“声华”句：过多地去追求声誉。声华：犹言声誉。任昉《宣德皇后令》：“客游梁朝，则声华籍甚。”

【译文】 过多地举行宴会的人家，不是个好人家；过分地追求声誉的士子，不是个好士子；过重地看待名利地位的臣子，不是个好臣子。

一四九

仁人心地宽舒①，便福厚而庆长②，事事成个宽舒气象；鄙夫念头迫促③，便禄薄而泽短④，事事得个迫促规模。

【注释】 ①“仁人”句：《管子·内业》：“宽舒而仁，独乐其身。”②庆长：长久的幸福。③鄙夫：鄙陋浅薄之人。迫促：狭窄。④泽短：指取得禄位时短。泽：原指雨露，引申为恩泽、德泽。

【译文】 仁义道德之人心地宽广舒展，福运便深厚而长久，并且每件事情也都有一个宽广舒展的气象；鄙陋浅薄之人思想狭窄紧促，福运便浅薄而短促，并且每件事也都只有一个狭窄紧促的规模。

一五〇

用人不宜刻[①]，刻则思效者去[②]；交友不宜滥[③]，滥者贡谀[④]者来。

【注释】 ①刻：苛严。《史记·孙子吴起列传赞》：“（吴起）以刻暴少恩亡其躯。”②思效者去：想为你效力的人离开你。③滥：过度，无节制。④贡谀：犹献谀，向你阿谀奉承。

【译文】 用人不应该太苛刻严格，太苛刻严格的话，想为你效劳的人就会离你而去；结交朋友不应该过度没有节制，过度没有节制的话，向你阿谀奉承的人就会趁机而来。

一五一

大人不可不畏，畏大人[①]则无放逸之心[②]；小民亦不可不畏，畏小民则无豪横[③]之名。

【注释】 ①畏大人：《论语·季氏》：“子曰：‘君子有三畏：畏天命，畏大人，畏圣人之言。’”古时称在高位的人为大人。②放逸：放任自由。③豪横：恃强横暴。

【译文】 老百姓对于执政者不可以没有一些畏惧的心理，这样老百姓就不会无所顾忌、放任自流；执政者对于老百姓也不可以没有一些畏惧的思想，这样执政者就不会恃强横暴、为所欲为。

一五二

事稍拂逆[①]，便思不如我的人，则怨尤[②]自消；心稍怠荒[③]，便思胜似我的人，则精神自奋。

【注释】 ①拂逆：不顺心。②怠荒：懒惰放荡。②尤：责怪，归咎。

【译文】 事情稍有不顺心的时候，就要想想那些情况和境遇还不如自己的人，那么怨天尤人的心思自然就会消失；思想稍微懒惰放荡的时候，就要想想那些事业和成绩都已超过自己的人，那么精神状态自然就会得到振奋。

一五三

不可乘喜而轻诺[①]；不可因醉而生瞋[②]；不可乘快[③]而多事；不可因倦而鲜终[④]。

【注释】 ①轻诺：轻易许诺。②生瞋（chēn）：发怒。瞋：张目瞪眼。因醉而生嗔，一本作“因甘而过食”。③快：快活。④鲜终：《诗·大雅·荡》：“靡不有初（凡事没有哪件是没有开始的），鲜克有终（很少能有坚持到底取得成功的）。”即半途而废、无结果。

【译文】 不可以趁着自己心情高兴之时对别人轻易许诺；不可以因为喝醉了酒而随便对别人发怒；不可以趁着一时的称心快意而多生事情出来；不可以因为厌倦而使事业半途而废没有结果。

一五四

钓水[①]，逸事[②]也，尚持生杀[③]之柄；弈棋，清戏[④]也，且动战争之心。可见喜事不如省事之为适[⑤]；多能不如无能之全真[⑥]。

【注释】 ①钓水：垂钓于水，即钓鱼。②逸事：安闲消遣的事。③

生杀：关系鱼的死活。④清戏：高雅的游戏。⑤适：适宜，合适。⑥全真：保持本性。

【译文】 钓鱼，这是安闲消遣的事情；但就是这安闲消遣的事情，也操持着生杀的权柄。对坐着下棋，这是清高雅致的游戏；但就是这清高雅致的游戏，也运动着战争的心思。由此可见，喜欢做事还不如省却事情来得合适；具有众多的才能不如没有才能能保全人的本性。

一五五

听静夜之钟声，唤醒梦中之梦[①]；观澄潭之月影，窥见身外之身[②]。

【注释】 ①梦中之梦：幻境。《庄子·齐物论》："方其梦也，不知其梦也，梦之中又占其梦焉，觉而后知其梦也。"《大般若经》："复次善勇猛，如人梦中说梦，所见种种自性如是。所说梦境自性总无所有。何以故？善勇猛，梦尚非有，况有梦境自性可说。"②身外之身：世俗社会中肉体之身外的本体。佛教主张轮回转生说，生死不已。

【译文】 听寂静的夜空传来的钟声，能唤醒那生活在如梦的幻境中的人们的梦中之梦；看见那倒映在碧清的潭水中的月亮的影子，仿佛能使人看见人那生活在世俗社会中肉体之身以外的本来之体。

一五六

鸟语虫声，总是传心之诀[①]；花英草色，无非见道[②]之文。学者要天机[③]清彻，胸次玲珑，触物皆有会心处。

【注释】 ①传心：佛教术语，佛教禅宗主张不立文字，以心相证，除心心感应外，别无他法，故称传法为传心。《唐诗纪事》僧希运说："上乘之印，惟是一心，更无别法，心体一空，万缘俱寂。"裴休录之为《传心法要》，《传心法要》上曰："自述达摩大师到中国，唯说一心，唯传一法。……"②见道：佛教术语，亦称"见谛道"、"见谛"。佛教修行的阶位之一，与修道、无学道合称三道，以无漏智现观四谛，故名，在此道之前以修习均属凡夫（异生）位，所获佛教智慧为有漏慧，经过四善根位进入此道升为圣者，所获智慧名为无漏智。大小乘规定的内容不全相同。③天机：犹灵性，谓人的天赋灵机。《庄子·大宗师》："其耆（嗜）欲深者，其天机浅。"

【译文】 鸟儿虫儿的鸣叫，都在传递心灵的秘诀，花儿草儿的颜色，都是见道修行的文字。修习的人只要灵性清通，头脑玲珑，凡是所碰到的事物一定都会有产生心得的地方。

一五七

人解读有字书，不解读无字书[①]；知弹有弦琴，不知弹无弦琴[②]。以迹用[③]不以神用，何以得琴书佳趣？

【注释】 ①解：能。无字书：真理义谛非文字所可表述，故称。耶律楚材《寄净名院润老》："刻烛赋成无字句，按徽弹彻没弦琴。"②无弦琴：琴无弦而可弹，亦与人间世界有限的音乐有别。梁萧统《陶靖节传》："渊明不解音律，而蓄无弦琴一张，每酒适，辄抚弄以寄其意。"③迹用：执着于实有物体的使用，指读有字书，弹有弦琴。下文"神用"与之相反。

【译文】 人们能读有字的书，不能读没有字的书；会弹有弦的琴，不会弹没有弦的琴。只是执着于实有物体的使用，而不注重精神方面的奇妙莫测的作用，怎么能够得到琴和书的最佳乐趣？

一五八

山河大地已属微尘[①]，而况尘中之尘；血肉身躯且归泡影[②]，而况影外之影。非上上[③]智，无了了[④]心。

【注释】 ①微尘：佛教以色体之极少为极微，七倍极微为微尘，七倍微尘为金尘。金尘是可以游履于金之间隙的，即指极小的物质。《大智度论》："譬如积微尘成山，难可得移动。"②泡影：《金刚经》喻世法之虚假不实，言其"如梦幻影，如露亦如电"，指实体消失，不复存在。

③上上：最上等。④了了：释家以明心见性为了悟。此言了而复了，极言其心悟之彻。

【译文】 山河大地已经属于极小的尘埃，更何况那尘埃之中的尘埃；血肉之躯终将消亡，如同那水中的泡影，更何况那泡影之外的泡影。不是最上等的智慧，没有这聪明了悟的思想。

一五九

石火光[①]中，争长竞短，几何光阴？蜗牛角上[②]，较雌论雄，许大[③]世界？

【注释】 ①石火光：击石迸火，其光至微，其时至短。极言人生之短促。②蜗牛角上：极言其小。《庄子·则阳》：惠子见戴晋人，戴晋人曰："有所谓蜗者，君知之乎？"曰："然。""有国于蜗之左角者，曰触氏；有国于蜗之右角者，曰蛮氏。时相与争地而战，伏尸数万，逐北，旬有五日而后返。"此语源出此喻。以上二喻可与白居易《对酒》诗对读："蜗牛角上争何事，石火光中寄此身。"③许大：如此大，多大。

【译文】 人生短暂，好像打击石头迸出的火光一样转瞬即逝，只有那么一点时间，值得我们去竞争长短吗？世界狭小，好像蜗牛头顶上那个角一样极小极小。只有那么小的一块地盘，值得我们去比较雌雄吗？

一六〇

有浮云富贵[①]之风，而不必岩栖穴处[②]；无膏肓泉石[③]之癖，而常自醉酒耽诗[④]。竞逐听人而不嫌尽醉[⑤]；恬淡适己而不夸独醒[⑥]。此释氏所谓不为法[⑦]缠，不为空[⑧]缠，身心两自在者。

【注释】 ①浮云富贵：以富贵为浮云。《论语·述而》：子曰："饭疏食饮水，曲肱而枕之，乐亦在其中矣。不义而富且贵，于我如浮云。"②岩栖穴处：住深山洞穴之中，谓遁世隐居生活。《韩诗外传》："虽岩居穴处，王侯不能与争名。"栖、居义同。③膏肓泉石：泉石，山水，谓爱好山水已达成癖的程度，犹如病入膏肓。《旧唐书·田游岩传》。"高宗幸嵩山……谓曰：‘先生养道山中，比得佳否？‘游岩曰：‘臣泉石膏肓，烟霞痼疾。’”④耽诗：专心于诗，沉溺于诗。杜甫诗：“为人性僻耽佳句，语不惊人死不休。”⑤“竟逐”句：听凭别人去竟位争爵追名逐利，而不嫌弃他们全都沉醉于世俗尘中。⑥恬淡：淡泊，安静闲适。适己：自我满足。独醒：《楚辞·渔父》：“屈原既放，游于江潭，行吟泽畔，颜色憔悴，形容枯槁。渔父见而问之曰：‘子非三闾大夫欤？何故至于斯？’屈原曰：‘举世皆浊我独清，众人皆醉我独醒，是以见放。’”⑦释氏：佛祖释迦牟尼，故称佛门亦称释氏。法：梵文“达摩”的意译。佛教总指事物、东西、存在。⑧空：佛教称超乎色相现实的境界为空。《大乘义章》：“空者，理之别目，绝众相，故名为空。”

【译文】 有了以富贵为浮云的思想，那就不必一定要到深山洞穴中去隐居；对于山水既然还没有形成一种爱好，那就常常自己一人沉湎在醉乡或沉溺于诗歌之中吧。听凭别人去竞争爵位和追逐名利，而不嫌弃他们全都沉醉在世俗尘中；安静闲适、自我满足，也不自夸众人皆醉只有我独自清醒。这就是佛教所讲的既不被“法”所缠绕，也不被“空”所纠缠，身体和思想两相自由的主张。

一六一

延促[①]由于一念，宽窄[②]系之寸心。故机[③]闲者一日遥于千古，意宽者斗室广于两间[④]。

【注释】 ①延促：时间的长短。延，长；促，短。②宽窄：空间的大小。③机：机心，即机巧的心思。④两间：天地之间。意宽一作“意广”，“广于”一作“宽若”。

【译文】 所谓时间的长短是由于我们的心理作用，所谓空间的大小也完全出于我们的思想。因此心思悠闲的人一天的时间比千年还要显得长些，意绪宽广的人即使身居斗室也会觉得比天地还要宽阔。

一六二

都[①]来眼前事，知足者仙境，不知足者凡境；总出世上因[②]，善用者生机，不善用者杀机。

【注释】 ①都：犹总也。②因：佛教认为产生一切结果的直接原因，及促成这种结果的条件。

【译文】 总的来看眼前的事物眼前的景象，知道满足的人觉得这是神仙之境，不知道满足的人觉得这是平凡之境；总结世上万事成功与失败的原因，善于利用条件的人能生化出各种机会，不善于利用条件的人会失去各种机会。

一六三

趋炎附势[1]之祸，甚惨亦甚速；栖恬守逸[2]之味，最淡亦最长。

【注释】 ①趋炎附势：奔走权门，依附权势。《宋史·李垂传》："我若昔谒丁崖州（谓），则隆兴初已为翰林学士矣！今已老大，见大臣不公，常欲面折之，焉能趋炎附势，看人眉睫，以冀推輓乎？"②栖恬守逸：栖寄恬淡，居守放逸。言过淡泊旷达的生活。

【译文】 奔走权门、依附权势所造成的祸害，既很惨烈，也很快速；栖寄恬适、居守旷达的乐趣，最是平淡，也最是长久。

一六四

色欲火炽，而一念及病时，便兴似寒灰；名利饴甘[1]，而一想到死地，便味如嚼蜡[2]。故人常忧死虑病，亦可消幻业而长道心[3]。

【注释】 ①饴甘：如糖似的甜蜜。②味如嚼蜡：喻无味。《楞严经》："我无欲心，应汝行事，于横陈时，味如嚼蜡。"③消幻业：减少虚幻的行为。长道心：增加对真理的心悟。

【译文】 好色的欲望如同烈火一样的燃烧，但是如果一想到生病时的情景，那色欲的兴头便会像死灰一样寒冷了；名誉和利益就像蜜糖一样甘甜，但是如果一想到死亡时的情景，那名誉和利益也就都会显得没有味道。

因此人们假如经常担忧生病与考虑死亡，也可以减少虚幻的行为，增加对真理的心悟。

一六五

争先的径路窄，退后一步自宽平一步；浓艳的滋味短，清淡一分自悠长一分。

【译文】 大家争先恐后，道路就拥挤狭窄，但如果退后一步，便显得宽阔平坦；浓厚艳丽的滋味是短暂的，但如果清淡一些，便会显得长久悠远。

一六六

隐逸[①]林中无荣辱，道义路上无[②]炎凉。进步处便思退步，庶免触藩[③]之祸；着手时先图放手，才脱骑虎[④]之危。

【注释】 ①隐逸：隐居。②道义：旧谓道德与义理。《易·系辞上》："成性存存，道义之门。"无：一本作"泯"，义近。③触藩：羝（公）羊触藩，进退不得，处境困窘，故称祸。《易·壮大》："羝羊触藩，羸（拘系）其角。"④骑虎：迫于形势，欲罢不能。刘宋何法盛《晋中兴书》："苏峻反，温峤推陶侃为盟主，侃欲西归，峤说侃曰：'……今日之事，义无旋踵，骑虎之势，可得下乎？'"

【译文】 隐居不仕者没有名位荣辱，道义路上也不管世态炎凉。前进时就想好了如何退步，那就可以避免陷入欲进不能欲退不得的灾祸，下手时先想好了如何放手，这样就可以脱离骑虎难下的危险境地。

一六七

贪得者，分金恨不得玉，封公怨不授侯，权豪自甘乞丐[①]；知足者，藜羹旨于膏粱[②]，布袍暖于狐貉，编民[③]不让王公。

【注释】 ①乞丐：谓其追逐富贵而无耻求告。②藜羹：野菜汤，粗下食物。膏粱：精美的食品。《孟子·告子》上："《诗》云：'既醉以酒，既饱以德。'言饱乎仁义也。所以不愿人之膏粱之味也。"③编民：平民皆编入簿籍，故称编民。

【译文】 贪心的人，分到了黄金又恨不得再得到白玉。封到了公爵又怨为什么不授予侯爵，这种巨富权贵之人竟然自己甘心当乞丐；知道满足的人，认为野菜粗食比肥肉美谷要好，粗布袍子比狐皮貉皮暖和，当一个平民百姓并不比王公贵族差。

一六八

矜名不如逃名趣[①]，练事[②]何如省事闲。孤云出岫[③]，去留一无所系；朗镜悬空[④]，静躁两不相干。

【注释】 ①矜名：夸耀名声。趣：意趣。②练事：熟悉练达于事。③孤云出岫：一片云彩飘出山峰。晋陶渊明《归去来辞》："云无心以出岫，鸟倦飞而知还。"④"朗镜"二句：明亮得像镜子一样的月亮高悬夜空，下界尘世的静躁它毫不关心。

【译文】 夸耀名声还不如逃避名声更有意味，熟悉练达于事还不如省去事情来得安闲舒适。一朵云彩飘出山峰，来去一点儿也没有牵挂；明亮得像镜子一样的月亮高悬夜空，下界尘世的静躁它毫不关心。

一六九

山林是胜地[①]，一营恋便成市朝[②]；书画是雅事[③]，一贪痴便成商贾。盖心无染着，欲界[④]是仙都；心有丝牵[⑤]，乐境成悲池[⑥]。

【注释】 ①胜地：名胜之地，风景优美的地方。②营恋：经营从事依恋不舍。市朝：交易买卖的地方。借喻争名谋利的处所。③雅事：高尚的、不庸俗的事情。④欲界：佛教三界之一（另二界为色界、无色界），指受食欲、淫欲支配熬煎的生物所居之所。一本作"欲境"，义同。⑤丝牵：一本作“系恋”。义近。⑥悲地：一本作“苦海矣”。

【译文】　山间林下本来是隐居的名胜之地，但如果经营从事依恋不舍便成了交易买卖的地方；书法绘画本来是文人学士高尚的事情，但如果贪图书画甚至入迷便成了庸俗的商人。心地如果没有受到外界沾染，世俗世界也就是仙人居住的地方；心里假如有所牵挂，快乐的境界也会变成苦海。

一七〇

时当喧杂，则平日所记忆者皆漫然忘去；境在清宁①，则夙昔所遗忘者又恍尔现前②。可见静躁稍分，昏明顿③异也。

【注释】　①清宁：清静安宁。②夙昔：往日，过去。恍尔：好像，仿佛。③顿：马上。

【译文】　在喧闹嘈杂的环境里，平日记忆的事情都会模糊地忘去；在清静安宁的地方，那么过去所忘记的事情又会仿佛依稀地出现在头脑当中。可见安静与躁动一有分别，昏暗与明智马上就区别出来了。

一七一

芦花被①下，卧雪眠云，保全得一窝夜气②；竹叶杯③中，吟风弄月④，躲离了万丈红尘⑤。

【注释】　①芦花被：以芦苇穗为絮之被，为粗下卧具。②夜气：喻清明纯净的心境。《孟子·告子上》：“日夜之所息（发出的善心），平旦之气（天亮时的清亮之气）……有梏亡之矣（有消灭他的），梏之反覆（反覆消灭）则其夜气不足以存（夜来良心所发出的善心不能存在）；夜气不足以存则其违（距离）禽兽不远矣。”③竹叶杯：竹叶卷成的酒杯。④吟风弄月：以大自然清风明月为题材吟诗，表示心情悠闲自在。⑤红尘：佛道等教称人生俗世为红尘。

【译文】　盖着芦花为絮的被子，睡眠在那笼罩着云彩的高山雪地中，能够保全得清明纯净的心境；用着竹叶卷成的酒杯，吟咏着以清风或者明月为题材的诗作，躲离了那嘈杂的人生俗世。

一七二

出世[1]之道，即在涉世[2]中，不必绝人以逃世[3]；了心之功[4]，即在尽心[5]内，不必绝欲以灰心[6]。

【注释】 ①出世：宗教徒以人间世为俗世，脱离人世的束缚，称出世。②涉世：处世，经历世事。③绝人：断绝与人交往。逃世：避世，即指隐逸生活。④“了心”句：佛教禅宗见性说教又有“直指人心，见性成佛”，了心之功指以自心了悟的方法达到本心悟彻的工夫。了心：即了悟，佛教术语，释家以明心见性为了悟。《传法正宗记》偈曰：“泡幻同无碍，如何不了悟。”⑤尽心：《孟子·尽心上》：“孟子曰：尽其心者，知其性也。知其性，则知天矣。”竭尽心力。⑥灰心：语出《庄子·齐物论》：“形困可使如槁木，而心困可使如死灰乎！”这是说心寂静不动像死灰一样。后以“灰心”比喻丧失信心，意志消沉。

【译文】 出世的方法，就在世间之事的经历之中，不必断绝与人交往去过隐居生活；了悟的功夫，就在竭尽心力的过程之中，不必断绝一切欲念使心寂静不动如同死灰。

一七三

此身常放在闲处，荣辱得失，谁能差遣我[1]？此心常安在静中，是非利害，谁能瞒昧[2]我？

【注释】 ①差遣：此言为荣辱得失所驱使，为之奔走。②瞒昧：欺骗蒙蔽。

【译文】 把自己身子安置在闲适之处，什么光荣与耻辱、得到与失去，一切都不计较，有谁能来驱使我为之奔走？使自己思想经常处在安静之中，什么正确与不正确、有利与有害，一切都不管它，还有什么人能来欺骗蒙蔽我？

一七四

我不希荣，何忧乎利禄之香饵；我不竞进[①]，何畏乎仕宦之危机。

【注释】 ①竞进：此指在仕途竞相进取。

【译文】 我不希图荣华富贵，担心什么利禄的诱惑；我不想升官发财，害怕什么仕途的危机。

一七五

多藏厚亡[①]，故知富不如贫之无虑；高位疾颠[②]，故知贵不如贱之常安。

【注释】 ①多藏厚亡：《老子》："甚爱必大费，多藏必厚亡。"注："甚爱不与物通，多藏不与物散。求之者多，功之者众，为物所病，故大费厚亡也。"言聚财过多而不散以济众，必召众怒，结果损失更大。②高位疾颠：权位越高，谋取它的人越多，倾覆得也就越快。高位，一作"高步"，犹言"高路"。义近。

【译文】 聚敛财富过多但是一点也不拿出来救济别人，必然会招致众人的愤怒，结果损失也更大，因此知道富足还不如贫乏来得无忧无虑；职位越高权力越大，谋取它的人也越多，结果倾覆得也越快，因此知道尊贵还不如卑贱能够经常保持安定。

一七六

世人只缘[①]认得"我"字太真，故多种种嗜好、种种烦恼。前人云："不知复有我，安知物为贵。"[②]又云："知身不是我，烦恼更何侵?"真破的[③]之言也。

【注释】 ①缘：因，为。②前人：指陶渊明，其《饮酒》诗"不知复有我”作“不觉知有我”。其下云：“安知物为贵。悠悠迷所留，酒中有深味。”③破的：命中目标，谓言极尽意。

【译文】　世上之人只因为把“我”字看得太真实了，因此多了种种嗜好、种种烦恼。前人曾经说过：“假如不知道有我的存在，哪里还会知道他人的尊贵？”又说：“知道了这个身子不是属于我的，还有什么烦恼能够侵入呢？”这真是说中目标的话了。

一七七

人情世态，倏忽[①]万端，不宜认得太真。尧夫云：“昔日所云我，今朝却是伊，不知今日我，又属后来谁[②]。”人常作是观[③]，便可解却胸中罥[④]矣。

【注释】　①倏忽：疾速，指极短的时间。万端：千头万绪，言变化之大。②“昔日”四句：见邵雍（字尧夫）《伊川击壤集》中《寄曹州李审言龙图》之二。原书“昔日”作“向日”，“今朝”作“如今”，“又属”作“又是”。③是观：这样看。④罥（juàn）：意为挂，缠绕。

【译文】　人们的情感，世俗的常态，都会在极短的时间内发生变化，不应该认得太真。邵雍曾经说过：“过去日子所说的我，今天都已变成了他，不知道今天的我，又会变成以后的谁？”人们能经常这样看问题，便可以解除心胸之中的疙瘩。

一七八

视民为吾民，善善恶恶[①]或不均；视民为吾心，慈善悲恶[②]无不真。故曰：天地同根[③]，万物一体[④]，是谓同仁[⑤]。

【注释】　①善善恶（wù）恶：奖善嫉恶。②慈善悲恶：对善良的仁慈，对罪恶的悲悯。与前言“恶恶”态度异。③天地同根：《河图括地象》：“易有太极，是生两仪，两仪未分，其气混沌，清浊既分，伏者为天，偃者为地。”④万物一体：《吕氏春秋》：“万物之形虽异，其情一体也。”⑤同仁：同以仁处，即相互亲爱仁慈。

【译文】　把老百姓看作是我治理下的老百姓，奖励善良的惩罚罪恶的，有时可能会并不公平；而如果把老百姓的思想看作是我自己的思想，对善良的仁慈，对罪恶的怜悯，那么就没有不真实的了。因此说：天与地相差虽然很远，其实是同一根源的，世上万物虽然情态各异，其情一体也，这就是我们平时所说的要同以仁慈之心来互相亲爱地相处的意思。

一七九

有一乐境界，就有一不乐的相对待；有一好光景[①]，就有一不好的相乘除[②]。只是寻常家饭，素位[③]风光，才是个安乐窝巢[④]。

【注释】　①光景：景况、情况。②乘除：抵销。一数乘以某数再除以某数，仍原数不变。③素位：平常的地位。④安乐窝：宋邵雍数荐不仕，耕稼自食，名其居为“安乐窝”。

【译文】　既然有一种快乐的境界，那么一定有一种不快乐的境界与之相匹配；既然有一种美好的生活情况，那么一定会有一种不好的生活情况与之相抵销。只是那平常的生活景况，平常的社会地位，才是一个安乐的窝巢。

一八〇

知成之必败，则求成之心不必太坚；知生之必死，则保生之道不必过劳。

【译文】　知道事业成功之后一定会朝着相反方向转化，那么希求成功的决定不必十分坚定；知道人生下来之后无论寿命长短以后都是一定要死的，那么为养生而进行的劳作不必过分辛苦。

一八一

眼看西晋荆榛[①]，犹矜白刃[②]；身属北邙之狐兔[③]，何惜[④]黄金？语云："猛兽易伏，人心难降；溪壑易填，人心难满。"信哉[⑤]！

【注释】 ①西晋之荆榛：《晋书·索靖传》载：索靖有先识远量，知天下将乱，指洛阳宫门铜驼叹曰："会见汝在荆棘中耳。"洛阳为西晋建都之地，自公元290年晋武帝死后，内部残杀不绝，为了争斗需要，诸王间混战扩大为各族间的混战，公元311年，石勒攻陷洛阳，消灭司马越。②矜：顾惜、珍重。③北邙：山名，亦作"北芒"，即邙山，在河南省洛阳市北。东汉以来，王侯公卿多葬于此，东汉梁鸿《五噫歌》："陟彼北邙兮，噫！"唐王建《北邙行》："北邙山头少闲土，尽是洛阳人旧墓。"后人常用来泛指墓地。狐兔：狐兔多以坟墓为穴。此言身之将死。④何惜：一本作"尚惜"。⑤信哉：确实是这样的啊！

【译文】 眼看天下快要大乱，还要顾惜自己的武装力量；身子已经快要进入坟墓，还要爱惜什么黄金？有一句话说："猛兽容易降伏，人心难以降服；溪沟容易填平，人心难以满足。"确实是这样的啊！

一八二

心地[①]上无风涛，随在皆青山绿树；性天中有化育[②]，触处都鱼跃鸢飞。

【注释】 ①心地：佛教认为心是一切的根源，诸事皆由之而生：故名心地，或称"心田"，义同。②性天：天性，天赋的本性。化育：化生和养育，《礼记·中庸》："能尽物之性，则可以赞天地之化育。"

【译文】 心田里面没有风波浪涛，不论到哪里都感到四周是青山绿树、一片美好的风光；人的天性能够化生养育，接触到的地方都是鱼儿跳跃鸟儿飞翔，万物充满生机。

一八三

静极则心通[①]，言忘则体会[②]。是以会通之人心若悬鉴[③]，口若结舌，形若槁木，气若霜雪[④]。

【注释】 ①心通：心性相通。②言忘：心领神会，无须借助语言。体会：性体会通。③会通：会合变通。《易·系辞上》："圣人有以见天下之动，而观其会通。"谓各种运动现象的相合和相通之处。后多用为融会贯通的意思。悬鉴：高悬的镜子，言事物皆可照见。④霜雪：喻清凉洁净，恬淡自适。

【译文】 没有声音能够心性相通，不用语言能够心领神会。因此凡事能够融会贯通的人心里就像高悬着镜子，嘴里好像舌头打了结，形状好像干枯的树木，气质好像洁净的霜雪。

一八四

狐眠败砌，兔走荒台，尽是当年歌舞之地；露冷黄花，烟迷衰草，悉属旧时争战之场。盛衰何常[①]？强弱安在？念此令人心灰。

【注释】 ①何常：有什么久常。言盛而必衰，衰而复盛，变化甚速。

【译文】 狐狸睡眠在倒塌的台阶上，兔子奔跑在荒芜的地坪上，这里当年曾经是欢乐歌舞的热闹场所；冰冷的露水降落在开放的菊花上，早晚的烟雾笼罩在快要枯黄的野草上，这些都属于过去进行战争的场所。盛而必衰，有什么久常？强的弱的，都到哪里去了？想到这些真使人心灰意冷。

一八五

宠辱不惊[①]，闲看庭前花开花落；去留无意，漫随天外云卷云舒。

【注释】 ①宠辱不惊：不为荣宠或屈辱所动。

【译文】 荣宠和屈辱都不能使我惊动，我只是以悠闲的心情去观赏那门庭之前花儿的开放与凋谢；离去还是留下，我认为一切都没有什么关系，听其自然就像那天边的云朵随着风儿卷起与舒展。

一八六

晴空朗月，何天不可翱翔，而飞蛾独投夜烛？清泉绿竹[①]，何物不可饮啄[②]，而鸱鸮偏嗜腐鼠？噫！世之不为飞蛾鸱鸮[③]者，几何人哉[④]？

【注释】 ①绿竹：一本作“绿卉”，因下引《庄子》有“非练实（竹实）不食”句，当为“绿竹”。②“何物”句：《庄子·秋水》：“惠子相梁，庄子往见子，或谓惠子曰：‘庄子来，欲代子相。’于是惠子恐，搜于国中三日三夜。庄子往见之，曰：‘南方有鸟，其名为鹓鶵，子如之乎？夫鹓鶵发于南海，而飞于北海，非梧桐不止，非练实不食，非醴泉不饮。于是鸱得腐鼠，鹓鶵过之，仰而视之曰：“吓！”今子欲以子之梁国而吓我邪？’”③鸱鸮（chī xiāo）：猫头鹰。④几何人哉：有多少人呢。

【译文】 晴朗的天空中有皎洁的月亮，那么大的天空何处不好飞翔，而飞蛾却独独要扑向那夜里点着的蜡烛？清清的泉水边长着青翠的竹子，什么东西不可充饥什么液体不可饮用，而鸱鸮偏偏要去吃那腐烂的老鼠？唉！世界上的人不做飞蛾不做鸱鸮的，有几个呢？

一八七

游鱼不知海，飞鸟不知空，凡民不知道[①]。是以善体[②]道者，身若鱼鸟，心若海空，庶乎近焉[③]。

【注释】 ①凡民：平民，普通百姓。道，指古代经邦治国、修身正心的学说。②体：体察。③庶乎近焉：差不多接近了。

【译文】 鱼儿在大海里游泳可是不了解大海，鸟儿在天空中飞翔可是不了解天空，老百姓生活在这个世界上可是不了解经邦治国、修身正心的学说。因此，善于体察这经邦治国、修身正心的学说的人，应当身体像那鱼儿鸟儿，心灵像那大海天空，这样大概就差不多了。

一八八

权贵龙骧[①]，英雄虎战，以冷眼视之，如蝇聚膻，如蚁竞血[②]；是非蜂起[③]，得失猬兴[④]，以冷情当之，如冶化金，如汤[⑤]消雪。

【注释】 ①骧：本谓马首昂举，引申为上举。②“如蝇”二句：一本作“如蚁聚膻，如蝇竞血”。③蜂起：纷纷而起，如群蜂乱飞。④猬兴：猬毛竖起，比喻事端纷起。⑤汤：开水。

【译文】 权势显贵们像飞龙一般腾跃上举，英雄们像猛虎一样地争执作战。我们用冷眼从边上看去，好像是苍蝇聚集在腥秽上面，蚂蚁争着吸吮血迹。是是非非，争端似群蜂飞起；计较得失，争执像刺猬毛那样多，那样尖锐，我们用冷静的态度来看它，好像是炼钢炉里化铁块，开水消融冰雪。

一八九

真空[①]不空，执相[②]非真，破相[③]亦非真，问世尊[④]如何发付？在世出世[⑤]，徇欲[⑥]是苦，绝欲[⑦]亦是苦，听吾侪善自修持[⑧]。

【注释】 ①真空：佛教指超出一切色相意识的真实境界。众生由迷真空而受幻色，菩萨因修般若慧现，照了幻色，即是真空。《四分律含注戒本疏行宗记》一上之一：“真空者即灭谛涅槃，非伪故真，高相故空。”真，本性、本原。②相：佛教术语，谓事物之相状，表于外而想象于心者，《大乘义章》三本曰：“诸法体状，谓之为相。”执相：对事物表之于外想象于心的相状固执而不离的妄情。佛教六祖相之一有执取相，谓对苦乐等境，不了为虚妄不实，深生取着之念，而生起之烦恼。③破相：佛教认为一切染净之法，悉为因缘生，以因缘生故无自性，如梦如幻，诸法唯是空，即空亦为空，有相空相共破，名为破相。④世尊：佛教称佛释迦为世尊。因佛具万德，为世尊重，故名。一本作“世情”，其解当有异。⑤“在世”句：宗教徒以人间世为俗世，即在世，以脱离人世束缚为出世。⑥徇欲：顺随欲念发展。⑦绝欲：断绝欲念。⑧听：任凭。吾侪（chái）：我辈，我们。

【译文】 真空不空，固执地不离事物的相状不是人的本性，破了这事物的相状也不是人的本性，请问佛祖应该如何处置？在世出世，顺随自己欲念的发展是痛苦的，断绝自己的欲念也是痛苦的，听凭我们自己好好修行。

一九〇

烈士让千乘[①]，贪夫争一文，人品星渊[②]也，而好名不殊[③]好利；天子营[④]家国，乞人号饔飧[⑤]，位分霄壤[⑥]也，而焦思何异焦声[⑦]？

【注释】 ①烈士：壮烈之士。千乘（shèng）：指千乘之国。乘，古以一车四马为一乘，春秋时甲车一乘，配甲士三人，步卒七十二人。②星渊：相差天地之别。星在天上，渊在地底。③不殊：不异，不特别，无区别。④营：经营，谋画。⑤号（háo）饔飧（yōng sūn）：呼叫乞食。饔，早餐；飧，晚餐。⑥位分霄壤：地位名分都相差如天地。⑦焦思：天子治天下忧思。焦声：乞儿沿门号乞声。

【译文】 壮烈之士能够让出千乘大国，贪婪之夫为一文小钱与人相争，人的品格虽然有天地之别，可是喜好名声与喜好金钱实质上是一样的；一国之主为国家的前途经营谋划，乞丐之人为得到食物早晚呼叫，人的地位和名分虽然有天地之别，可焦急的思虑和焦急的呼号有什么不同？

一九一

见外境[①]而迷者，继踵竞进[②]，居怨府[③]，蹈畏途，触祸机，懵然不知；见内境[④]而悟者，拂衣[⑤]独往，跻寿域[⑥]，栖天真[⑦]，养太和[⑧]，夐然[⑨]自得。高卑倏绝[⑩]，何啻[⑪]霄壤？

【注释】 ①外境：佛教称教内为内，教外为外，外境即指尘世。②继踵竞进：一个跟一个地（在仕途上）竞相进取。③怨府：怨尤积聚之处。府是收藏东西的地方，用以为喻。④内境：佛教之内的境界。⑤拂衣：犹振衣，表示兴奋。《国语·晋语八》：“（叔向）拂衣从之。”后也用拂衣称代隐居。⑥跻寿域：跻身于长寿者范围内。寿，长寿。⑦栖天真：保留未受世俗影响的本性。⑧养太和：保养阴阳会和、冲和的元气。⑨翛（xiāo）然：自然是超脱的样子。⑩高卑敻（xiòng）绝：高低相差很远。敻，同“迥”，远。绝，远。⑪何啻：何只。

【译文】 见到人间尘世的事情入迷的人，一个跟着一个在仕途上竟相进取，生活在怨尤积聚的地方，走着极其危险的道路，接触着发生祸害的机关，可是一点儿也没有感觉；见到佛教之内的境界而觉悟的人，振振衣服独自前往，跻身于长寿者的行列当中，保留着未受世俗影响的本性，保养阴阳和合的元气，一副自然超脱的样子。两种人高下相差太远，何只天上地下之别？

一九二

性天澄彻[①]，即饥餐渴饮，无非康济身心；心地沉迷，纵演偈谈禅[②]，总是播弄精魄[③]。

【注释】 ①性天：人得之于自然的本性。澄彻：明净、清澈。②演偈：传布佛经中的颂词。谈禅：谈论佛门禅理。全句言即使遁入佛门。③播弄：犹摆弄。精魄：精神形魄。犹上言之“身心”。

【译文】 人的自然本性明净清澈，即使是肚子饥饿后的吃饭，嘴巴干渴后的饮水，没有不对身体健康有益的；人的思想执迷不悟，即使是身入空门传播佛经中的颂词，谈论佛门禅理，也只是摆弄精神和魂魄，无益于身心。

一九三

人心有真境[①]，非丝非竹[②]而自恬愉，不烟不茗[③]而自清芬[④]。须念净境空，虑忘形释[⑤]，才得以游衍[⑥]其中。

【注释】 ①真境：真理境界。《维摩经·序》曰：“冥心真境，既画环中。”②非丝非竹：没有（或不用）管弦音乐。丝，弦乐皆用丝；竹，管乐皆用竹。恬愉：恬淡愉逸。③不烟不茗：不用熏香，不用饮茶。

④清芬：比喻高洁的德行，陆机《文赋》："咏世德之骏烈，诵先人之清芬。"⑤虑忘形释：忘却思虑，解脱肉体欲望烦恼的束缚。⑥游衍：纵意游乐。《文选》南齐谢朓《和伏武昌登孙权故城》："于役倘有期，鄂渚同游衍。"唐李周翰注："衍，乐也。"

【译文】 人心之中有个真理的境界，即使是没有管弦没有音乐也自己感到恬淡愉逸，不用熏香不用饮茶也自然感到清洁芬芳。只有杂念都去、境界净空、忘却思虑、解除肉身欲望的烦恼，才能得以纵意游乐于此境界之中。

一九四

天地中万物[①]，人伦中万情[②]，世界中万事。以俗眼观，纷纷各异；以道眼观，种种是常。何须分别？何须取舍？

【注释】 ①物：事物。《列子·黄帝》："凡有貌象气色者，皆物也。"也专指外物、坏境、人、颜色等。②人伦：封建社会指人与人之间的关系和应当遵守的行为准则。也指各类人。《荀子·富国》："人伦异处。"王先谦《集解》："伦，类也。"

【译文】 天地当中存在着万种物品，人伦当中存在着万种感情，世界当中存在着万种事情。用世俗的眼光来看，这一切物品、感情、事情都是不一样的，用"道"的眼光来看，这一切物品、感情、事情又都是一样的。何必要去分门别类，何必要去决定取舍？

一九五

缠脱[①]只在自心，心了[②]，则屠肆糟店居然净土[③]。不然，纵一琴一鹤[④]，一花一卉，嗜好虽清，魔障[⑤]终在。语云："能休尘境为真境，未了僧家是俗家[⑥]。"信夫[⑦]。

【注释】 ①缠脱：世间俗事的缠缚与心性中烦恼的解脱。②心了：心性了悟。③屠肆糟店：指肉铺酒店。店，一本作"廛"。净土：佛教称庄严洁净，没有五浊（劫浊、见浊、烦恼浊、众生浊、命浊）的极乐世界。④“纵一”二句：即使抚琴饲鹤、养花育卉。状隐者情趣，高士生活。卉，一本作“竹”。⑤魔障：佛家语。梵语魔罗，义译曰障。梵汉双举，谓之“魔障”。犹言魔王所设之障碍。亦泛指波折、意外。⑥“能休”二句，引自宋邵雍《伊川击壤集·十三日游上寺及黄涧》诗。⑦信夫：原缺，据一本增。

【译文】 世间俗事的缠缚与心中烦恼的解脱都是决定于自己的心性，心性了悟，那么即使是屠宰场卖酒店都居然成为庄严洁净、没有五浊的极乐世界。如果不是这样，即使抚琴养鹤、养花育卉，过着隐居生活，爱好虽然显得清高，但是魔障总是存在的。因此邵雍说：“能够结束的世俗之境是真境，没有了悟的僧人还是俗人。”这句话讲得真是对啊！

一九六

以我转物[①]者，得固不喜，失亦不忧，大地尽属逍遥[②]；以物役我[③]者，逆固生憎，顺亦生爱，一毫便生缠缚[④]。

【注释】 ①转物：转化客观事物，谓做物的主人。②逍遥：优游自得的样子。《诗·郑风·清人》：“河上乎逍遥。”《庄子·让王》：“逍遥于天地之间而心意自得。”③役：役使。“物役我”犹言做客观事物的奴隶。《荀子·修身》：“意志修则骄富贵，道义重则轻王公，内省而外物轻矣。传曰：‘君子役物，小人役于物。’此之谓矣。”④一毫：言事物之至微。毫，毛。缠缚：言尘世俗欲之牵累，犹缠绕束缚。

【译文】 认为自己是世上万物的主人的人，得到了什么不感到欢喜，失去了什么也不感到忧愁，逍遥于天地之间而悠然自得；让世间万物来支配自己的人，遇到违背自己意志的事情便产生憎恨之心，遇到顺从自己意志的事情便产生喜爱之情，一点点的小事都会使自己受到尘世俗欲的牵累束缚。

一九七

试思未生之前，有何象貌；又思既死之后，作何[①]景色？则万念灰冷，一性寂然[②]，自可超物外而游象先[③]。

【注释】 ①作何：一本作“有何”。②一性寂然：本来的心性沉寂静澄。③超物外：超越自然现实世界之外。游象先：游历于天地万物未出现之前。二句极言超脱自适。

【译文】 试着想想在没有出生之前，人是什么相貌；又试着想想在已经死了以后，人是什么样子？这样一来，各种念头都会变得像死灰一样冰冷，本来的心性也会变得沉寂静澄，自然可以超越现实世界之外并且游历于天地万物没有出现之前。

一九八

优人傅粉调朱[①]，效妍丑于毫端[②]，俄而[③]歌残场罢，妍丑何存？弈[④]者争先竞后，较雌雄于指下[⑤]，俄而局散[⑥]子收，雌雄安在？

【注释】 ①优人：优伶，戏剧演员。傅粉调朱：以白粉朱砂化妆。②妍：美。毫端：毛笔头。③俄而：顷刻之间。④弈：下棋。⑤雌雄：喻胜负、高下。指下：一本作“着下”，一本作“著子”。⑥局散：一本作“局尽”。

【译文】 演戏的人脸上傅上白粉画上朱砂，用毛笔打扮成漂亮的或者丑陋的，一会儿歌舞结束场子散掉，漂亮和丑陋还存在于什么地方？下棋的人无论先下还是后下都在考虑如何战胜对方，在手指下面决一雌雄，一会儿棋局结束棋子收掉，雌雄胜负还存在于什么地方？

一九九

把握未定，宜绝迹尘嚣[①]，使此心不见可欲而不乱，以澄吾静体；操持既坚，又当混迹风尘[②]，使此心见可欲而亦不乱，以养吾圆机[③]。

【注释】 ①尘嚣：谓纷扰、喧嚣的俗世。②风尘：谓扰攘的俗世。③圆机：圆转活脱的机能。

【译文】 品德操守尚未坚定之时，应该不涉足纷扰喧嚣的俗世生活，使自己的心不见到会引起欲望的事情而不乱，用这样的办法来使自己的心体得到澄清；品德操守既已坚定，应该使自己到扰攘的世俗生活中去，使自己的心见到能引起欲望的事情而不乱，用这样的方法来培养自己圆转活脱的机能。

二〇〇

喜寂厌喧者，往往避人以求静，不知意在无人[1]，便成我相[2]。心着于静，便是动根[3]，如何到得人我一空[4]、动静两忘的境界？

【注释】 ①意在无人：心中感到周围是没有人的。②我相：佛教四相（我相、人相、众生相、寿者相）之一。原指把轮回六道的自体当作真实存在的观点，在此即指自体，与上句“无人”相对。③动根：此言心思静，即要考虑到动，故言为之根。④一空：一本作“一视”。

【译文】 喜欢寂静讨厌喧闹的人，往往用避开众人的方法来求得安静。殊不知，只要心中感到周围是没有人的，便能修成“我相”。只是避开众人，把心放在安静的地方，便会产生动的念头，怎么能达到人与我都一样、动与静都是一样的思想境界？

二〇一

人生祸区福境，皆念想造成。故释氏云：利欲炽然，即是火坑；贪爱[1]沉溺，便为苦海。一念清净，烈焰成池；一念惊觉，航登彼岸[2]。念头稍异，境界顿殊。可不慎哉？

【注释】 ①贪爱：佛教术语，于五欲之境，贪著而不能离者。贪与爱异名同体。《胜天王般若经》一曰：“众生长夜流转六道苦轮不息，皆由贪爱。”②航登：一本作“船登”。彼岸：佛家语。梵语“波罗”的意译。佛教以有生有死的境界比为此岸，烦恼苦难比为中流，超脱生死之涅槃境界比为彼岸。

【译文】 人生道路上所遇到的灾祸之区幸福之境，实际上都是由人本身的思想所造成的。因此佛祖说："利欲太为强烈，便成了火坑；沉溺在贪爱之中，便成了苦海。思想上一清静，猛烈的火焰便变成了水池；思想上一惊觉，便能到达彼岸。"思想观念不一样，境界完全不同。这难道不值得我们谨慎对待吗？

二〇二

绳锯木断[①]，水滴石穿，学道者须加力索[②]；水到渠成[③]，瓜熟蒂落，得道者一任天机[④]。

【注释】 ①"绳锯"二句：比喻力量虽小，只要坚持不懈，事情就能成功。木断：一作"材断"。宋罗大经《鹤林玉露》第四卷《一钱斩吏》判词曰："一日一钱，千日一千，绳锯木断，水滴石穿。"②力索：努力求索。一本"须加力索"作"须要努索"。③水到渠成：水流到的地方，自然成渠，比喻条件成熟，事情自然成功。④天机：神秘天意。

【译文】 绳子能够把木头锯断，水滴能够把石板滴穿，学道的人必须努力求索；水流到的地方自然成渠，瓜儿成熟了瓜蒂自然会落下，条件成熟了，事情自然会成功，得道的人听凭神秘的天意。

二〇三

就一身了一身者[①]，方能以万物付万物[②]；还天下于天下者[③]，方能出世间于世间[④]。

【注释】 ①"就一"句：根据自己一身了悟自身。②付：交付。以万物付万物：拿大千世界之无数事物交付给万物之主宰者。③还天下于天下：把天下交还给天下百姓。④出世间于世间：从尘世摆脱出去。

【译文】 只有根据自己一身来了悟自身的人，才能够把世上万物交付给世上万物去主宰；只有能够把天下交还给天下百姓的人，才能够生活在尘世之中却能够从尘世中摆脱出来。

二〇四

人生原是傀儡，只要把柄[1]在手，一线不乱，卷舒自由，行止在我，一毫不受他人提掇[2]，便超出此场中矣。

【注释】 ①把柄：一本作“根蒂”。②提掇：牵制。

【译文】 人的命运本来就像傀儡，我们只要把傀儡的引线全拿在自己手中，一根也不弄乱，展开与收缩自由，行动与停止在我，一点也不受其他人制约，便可以掌握自己的命运了。

二〇五

陆鱼不忘濡沫[1]，笼鸟不忘理翰[2]。以其失常思返也。人失常而不思返，是鱼鸟之不若也。

【注释】 ①“陆鱼”句：《庄子·天运》：“泉涸，鱼相与处于陆。相呴（xū，吐口水）以湿，相濡以沫，不若相忘于江湖。”②理翰：翰，鸟羽。此指啄理鸟翼。

【译文】 泉水干涸了，鱼儿处在陆地之上，但不会忘记相濡以沫，鸟儿失去了自由，被关入笼子之中，然而也没有忘记啄理羽毛。这是因为它们虽然失去了正常的生活然而仍想回到原来的环境中去。假如人失掉了正常的生活反而不想返回，这是连鱼儿鸟儿也不如啊！

二〇六

“为鼠常留饭，怜蛾不点灯[1]。”古人此等念头，是吾一点生生之机[2]。无此，即所谓土木形骸而已。

【注释】 ①“为鼠”二句：见苏轼《次韵寄定慧钦长老》：“左角（天田星）看破楚，南柯闻长滕。钩帘归乳燕，穴纸出痴蝇。为鼠常留饭，怜蛾不点灯。崎岖真可笑，我是小乘僧。”②生生之机：使有生命的动物活下去的机用。

【译文】 “常为老鼠留点饭，可怜飞蛾不点灯。”古人的这种想法，是我们人类的一点使有生命的小动物活下去的慈善机心。假如没有这点慈善的念头，人也就只不过是我们平常所说的土木躯壳罢了。

二〇七

世态有炎凉，而我无嗔[①]喜；世味有浓淡，而我无欣厌[②]。一毫不落世情窠臼[③]，便是一在世出世法[④]也。

【注释】 ①嗔（chēn）：怒。②欣厌：欣喜厌恶。③窠臼：窠巢舂臼均为固定格式，故以之喻蹈袭故常，已无新意。④在世出世法：佛教称人间世为俗世，即在世，称脱离人世束缚为出世。此谓虽身处俗世然心性已出世了。

【译文】 世俗的常态有热有冷，但是我不发怒也不高兴；世俗的味道有浓有淡，但是我不欣喜也不厌恶。一丝一毫也不落入世俗情态的窠臼之中，便是一种虽然身处俗世但是心性早已出世的方法。

菜根谭（续集）

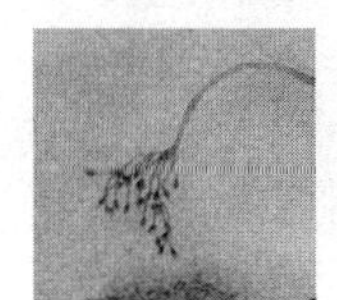

一

涉世浅[1]，点染[2]亦浅；历事深，机械[3]亦深。故君子与其练达，不若朴鲁[4]；与其曲谨[5]，不若疏狂[6]。

【注释】　①涉世：经历世事。《晋书·孔衍传》：“宗人夷吾有美名，博学不及衍，涉世声誉过之。”②点染：玷污之义。杜甫《八哀诗·郊公虔》：“反复归圣朝，点染无涤汤。”③机械：机巧、巧诈。《淮南子·原道》：“故机械之心，藏于胸中，则纯白不粹，神德不全。”注：“机械，巧诈也。”④朴鲁：诚朴迟钝。⑤曲谨：谨慎屈从，拘执小节。⑥疏狂：狂放不羁。

【译文】　一个人经历的世事不多，受到的玷污也不多；经历的世事多了，机巧和奸诈也就多了。因此一个人与其老练通达，还不如诚朴迟钝；与其谨慎屈从，还不如粗疏狂放。

二

势利纷华[1]，不近者为洁，近之而不染者为尤洁；智械机巧[2]，不知者为高，知之而不用者为尤高。

【注释】　①纷华：亦作“芬华”。繁华富丽，荣耀。《史记·商君列传》：“有功者显荣，无功者虽富无所纷华。”②智械机巧：智谋、机械、巧诈、技艺。

【译文】　权势、利益、繁华和荣耀，以不接近的人为高洁，接近了而不被污染的人更是特别高洁；智谋、机械、巧诈和技艺，以不知道的人为高明，但知道了而不使用的人更是特别高明。

三

天地寂然不动，而气机无息[1]少停；日月昼夜奔驰，而贞明[2]万古不易。故君子闲时要有吃紧的心思，忙处要有悠闲的趣味。

【注释】 ①气机：王充《论衡·自然》："天地合气，万物自生。"我国古代哲学概念中的"气"指构成万物的物质。气机，可理解为气脉机体，把无生命的天地说成也有生机活力。无息：无时。息，呼吸。指极短暂的时间。②贞明：正而明。《易·系辞下》："日月之道，贞明者也。"疏："言日月照临之道，以贞正得一而为明也。"

【译文】 天与地清静无声悄然不动，但是天地之间的气脉生机无时无刻不在运动；太阳与月亮无时无刻不在奔驰，然而它们的贞正明亮却是万古不会改变。因此君子空闲的时刻要有紧张忙碌的心思，忙乱的时刻则要有闲适幽静的趣味。

四

交友须带三分侠气[1]；作人要存一点素心[2]。

【注释】 ①侠气：此指朋友间互助互励、荣辱福祸与共的侠义气概。②素心：不为尘世事物污染的纯洁心灵。

【译文】 结交朋友，必须带有三分侠义心肠，与朋友有祸同当、有福共享；为人处世，还要保存一些纯朴的心灵，不要太受凡尘事物的沾染。

五

好动者云电风灯[1]；嗜寂者死灰槁木。须定云止水中有鸢飞鱼跃气象[2]，才是有道[3]的心体。

【注释】 ①风灯：佛家用以喻世相无常，若风中之灯光倏忽变幻。

此言好动者变动急速。《万善同归集》："无常迅速，念念迁移，石火风灯，逝波残照，露华电影，不足为喻。"②"须定"句：言静中有动。《诗经·大雅·旱麓》："鸢飞戾（到达）天，鱼跃于渊。"③道：佛教术语，能通之义，大要有三种，一是有漏道，善业通人使至善处，恶业通人使趣恶处，故善恶二业谓之道；所之所趣之处亦名公道；二是无漏道，七觉八正等法，能通行人使至涅槃，故谓之道，又行体虚融无碍，故为通之义，以通故，名为道；三是涅槃之体，排除一切障碍，无碍自在，谓之道。

【译文】 太喜欢动的人好比是乱云中的闪电、大风中的灯光，极易熄灭；太喜欢静的人好比是已冷却的火灰、枯干的木头，没有生气。必须是像那不动的云彩中有鸢鸟在飞翔、静止的水面上有鱼儿在跳跃，这样才能算是有道的心体。

六

居卑[①]而后知登高之为危；处晦而后知向明之太露；守静而后知好动之过劳；养默[②]而后知多言之为躁。

【注释】 ①居卑：所处地位低下。②养默：保持静默性格。

【译文】 所处地位低下，然后知道身处高位实在太为危险；所处地位不明显，然后知道处在显要位置的太为暴露；守着安闲逸静，然后知道喜欢动乱的太为劳累；保持静默性格，然后知道过多讲话实在是太为浮躁。

七

放得功名富贵之心下，便可脱凡；放得道德仁义之心下，才可入圣[①]。

【注释】 ①"才可"句：此言只有脱却道德仁义的役使，方可纵横无碍，达到无我自适的境界，这样才能进入圣人的殿堂。

【译文】 只要摆脱功名富贵思想的诱惑，就可以超脱凡尘；只有摆脱道德仁义思想的役使，才可以进入圣人的殿堂。

八

利欲未尽害心[①]，意见乃害心之蟊贼[②]；声色未必障道[③]，聪明乃障道之藩屏。

【注释】 ①害心：佛家语，杀心，损害人的思想。②意见：佛家语，即我见，或名身见，指固执主观，以身为实体的观点。蟊（máo）贼：吃禾稼的害虫。《诗·大雅·大田》传："食心曰螟，食叶曰螣（tèng），食根曰蟊，食节曰贼。"③障道：堵塞达到道的境界。佛家对道解说甚繁，各宗不一，总的说是指能通达的意思，即达到行体虚融无碍、因果互可通达的境界。

【译文】 利益和欲望还不是对人的思想最为有害的敌人，固执主观、以身体为实体的观点才是真正损坏人的思想的害虫；歌舞和女色未必一定会堵塞达到道的境界，智慧和灵敏才真正是修行道路的最大障碍。

九

吉人无论作用安详[①]，即梦寐神魂，无[②]非和气；凶人无论行事狼戾[③]，即声音笑语，浑是[④]杀机。

【注释】 ①吉人：吉善之人。《易·系辞》："吉人之辞寡，躁人之辞多。"言吉善之人性直辞寡。无：不论。作用：作为，即干各种事。安详：从容稳重。②无：没有。无非：没有不是，全是。③狼戾（lì）：贪暴凶残。④浑是：全是。

【译文】 吉善之人不用说日常做事从容安详，就是梦寐中的精神魂魄，也全是祥和气象；凶恶之人不用说做事贪婪凶残，就是日常生活中的音容笑貌，也全是杀伐机关。

一〇

施恩者，内不见己[①]，外不见人[②]，即斗粟可当万钟之惠[③]；

利物[4]者，计己之施，责[5]人之报，虽百镒[6]难成一文之功。

【注释】 ①内不见己：内心里不把自己施惠于人当作一件事记住。见，同现。下同。②外不见人：不在外向人宣扬自己施惠于人的功德。③斗粟：言所施惠小。万钟：言多。钟，古量器。④利物：以物取利。⑤责：求取。⑥镒：古一镒为一金，二十两为一镒（一说二十四两）。

【译文】 布施恩惠的人，自己内心全不放在心上，也不向外人宣扬，这样施放一斗米足可相当于一万钟的功德；以物取利的人，总是在计算自己给人的利益到底是多还是少，以此来求取别人的回报，即使布施了一百根金条，也很难修成小小的功德。

一一

人之际遇[1]，有齐有不齐[2]，而能使己独齐乎？己之情理[3]，有顺有不顺，而能使人皆顺乎？以此相观对治[4]，亦是一方便法门[5]。

【注释】 ①际遇：犹遭遇，多指得到好的机遇。《宋史·何执中传》："昔张士逊亦以旧学际遇，用太傅致仕。"②齐：通济，成功、成就。③情理：人情与事理。《三国志·吴志·滕胤传》注引《吴书》："胤每听辞讼，断罪法。察言观色，务尽情理。"④相观对治：对比观察分析，治理事务。⑤方便法门：佛教术语，一称方便门，指引人入佛之门径。方便，指因人施教，诱导之使领悟佛之真义。

【译文】 人生道路上存在着种种机遇，有成功的有不成功的，难道能单单使我一个人成功吗？自己的感情与事理，也是有时理得顺有时理不顺，而能要求别人都理得顺吗？用这个方法来互相观察、分析对比，也是一条引人进入佛门的途径。

一二

攲器以满覆[1]，扑满以空全[2]。故君子宁居无不居有，宁处缺不处完。

【注释】　①“欹（qī）器”句：欹器，古代的一种巧器。原为灌溉用的汲水陶罐，其系绳的罐耳，位于罐腹靠下部位，空时重心在罐耳之上，以绳悬挂时，罐身倾斜，便于汲水；半满时，重心下降至罐耳以下，罐身自动扶正；水灌满时，重心上升到罐耳以上，极易倾覆。欹器即依此汲器原理改制而成的巧器。《孔子家语》：“孔子观于鲁桓公之庙，有欹器焉。夫子问于守庙者曰：‘此谓何器？’对曰：‘此盖为宥坐之器也。’子曰：‘吾闻宥坐之器则欹，中则正，满则覆。明君以为至诫，故常置之于坐侧。’”古人置其于座右，以戒自满。②扑满：蓄钱之器，陶土制成，有入口无出口，钱蓄满后扑（击）破取出。故名扑满。见《西京杂记》。

【译文】　欹器因为水盛满了而倾覆，扑满因为空腹而能得以保全。因此君子在有与没有之间宁可选择没有，在缺少与完满之间宁可选择缺少。

一三

名根未拔者，纵轻千乘甘一瓢[①]，总堕尘情；客气[②]未融者，虽泽四海利万世[③]，终为剩技[④]。

【注释】　①纵：即使。轻千乘：以千乘为轻，看不起当官有权势的。战国时诸侯国小者称千乘，大者称万乘。甘一瓢：以一瓢为甘，乐意过清苦生活。《论语》写孔子称赞颜回说：“贤哉，回也！一箪食，一瓢饮，在陋巷，人不堪其忧，回也不改其乐。贤哉，回也！”②客气：言语行为虚伪矫饰，无真诚意愿。③泽四海：即泽被四海，给广大民众施以恩惠。利万世：造福后代。④剩技：末等的、无用的伎俩。

【译文】　名利之根没有拔除的人，即使能够以千乘为轻而看不起当官权势之人，以一瓢为甘而乐意过清苦的生活，但是终究要落入世俗的尘网；虚伪矫饰之气没有消融的人，虽然施恩泽于五湖四海，并且造福于后世万代，然而终究只是一些末等的伎俩。

一四

躁性者火炽，遇物则焚；寡恩者冰清，逢物必杀；凝滞固执者，如死水腐木，生机已绝。俱难建功业而延福祉。

【译文】 性子暴躁的人就像那烈火，遇到物体就要加以燃烧；缺乏恩义的人就像那冰块，遇到物体就要把它冻死；凝滞固执的人，就像那不会流动的水、腐朽的木头，生命之机已经断绝。这一些人都难以建立功业并且难以延长福泽。

一五

心不可不虚，虚则义理来居；心不可不实，实则物欲不入。

【译文】 从一方面来说，人心不可不空虚，空虚则会有义理来充实其中；从另一方面来说，人心又不可不充实，充实则物质的欲望不能进入其中。

一六

静中念虑澄彻[①]，见心之真体[②]；闲中气象从容，识心之真机[③]；淡中意趣冲夷[④]，得心之真味[⑤]。观心证道[⑥]，无如此三者。

【注释】 ①澄彻：通明透亮。②真体：佛教称不生不灭的本体为真体。③真机：本来的素质与禀赋。④冲夷：谦虚自抑。夷多作“挹”或“抑”。⑤真味：原来本有的旨趣。⑥观心：观察心性。佛教以心为万法的主体。无一事在心外，观心即能究明一切事理。证道：验证佛家实理。

【译文】 清静之中，人的思虑通明透亮，能够呈现人心的本来面目；安闲之中，人的情态舒缓从容，能够认识人心的本来素质与禀赋；平淡之中，人的意趣谦虚自抑，能够得到人心的本来旨趣。观察心性验证实理，没有比得上以上三种情况的。

一七

静中静非真静，动处静得来，才是性天[①]之真境；乐处乐非真乐，苦中乐得来，才见心体之真机。

【注释】　①性天：人得之于上天的本性。

【译文】　从安静的环境中得到的安静不是真正的安静，而在动乱的环境中能够得到安静，那才是人得之于上天的本性中的真正境界；在快乐的时候得到的快乐不是真正的快乐，而在痛苦的时候能够得到快乐，那才能体现出人心体之中的真正机心。

一八

舍己毋处其疑，处其疑，即所舍之志多愧矣；施人毋责[①]其报，责其报，并所施之心俱非矣。

【注释】　①责：索取；责求。《左传·桓公十三年》：“宋多责赂于郑。”

【译文】　自己主动放弃利益的时候不要处在疑虑之中，如果处在疑虑之中，那么主动放弃自己利益的意愿就有了许多惭愧；施恩给人以后不要希求得到别人的报答，如果希求报答，那么连当时那种施恩给人的思想都显得不正确了。

一九

士君子持身不可轻[①]，轻则物能挠我[②]，而无悠闲镇定之趣；用意[③]不可重，重则我为物泥[④]，而无潇洒活泼之机。

【注释】　①轻：轻脱、轻率、轻浮。言行随便，不慎重，不持重，放荡。②物：客观事物。挠：扰乱、干扰、阻挠。③用意：居心、存心。④泥：拘束。

【译文】　士君子立身处世不可以太为轻浮，太轻浮了就会受到别人的轻视与干挠，因而没有了悠闲镇定的趣味；士君子居心存心不可以过分持重，过分持重就会被客观事物所拘束，因而没有了潇洒活泼的机心。

二〇

怨因德彰[①]，故使人德我[②]，不若德怨之两忘；仇因恩立，故使人知恩，不若恩仇之俱泯[③]。

【注释】 ①彰：显明，显露。②德我：感我之德。③泯：消灭，尽。

【译文】 因为有了德，怨才显得更加明显，因此如果要使人感我之德，还不如把德和怨全都忘掉；因为有了恩，才又树立了仇，因此如果要使人知我之恩，还不如把恩和仇全部消灭掉。

二一

千金难结一时之欢；一饭竟致终身之感[①]。盖爱重反为仇，薄极翻成喜也。

【注释】 ①“一饭”句：《史记·淮阴侯列传》载韩信少年家贫，曾得一漂絮老妇给饭充饥，后韩信帮助刘邦平定天下，封楚王，赐千金以为报答。

【译文】 千两黄金难以交结短时期的欢快，一餐粗饭竟能达到一辈子的感恩。这就是我们平常所说的爱得太重反而变成了仇恨，淡薄之极反而能成就好事的意思。

二二

藏巧于拙，用晦而明[①]，寓清于浊，以屈为伸。真涉世之一壶[②]，藏身之三窟[③]也。

【注释】 ①用晦而明：《周易·明夷》象：“用晦而明。”疏：“藏明于内，乃得明也；显明于外，巧所辟也。”用，因。②一壶：《鹖冠子》：“中流失船，一壶千金。”说船在河的中流失事，为了活命，一个壶可值千金。壶，通“瓠”，瓠瓜，即葫芦，中空能浮，可权作渡具。在此喻济危救难之器。②藏身之三窟：即狡兔三窟，狡猾的兔子有三个窝。比喻藏身之处多，便于逃避灾祸。《国策·齐策四》载冯谖对孟尝君说：“狡兔有三窟，仅得免其死耳；今君有一窟，未得高枕而卧也，请为君复凿二窟。”

【译文】 将灵巧隐藏在笨拙之中，因为隐晦之故反而变得更加明显了；将清白寄寓于混浊之中，以先屈缩一下作为以后伸展的手段。这真正是能平安地渡过翻船之难的“葫芦”，能保全自己生命的三个藏身的洞窟啊！

二三

衰飒[①]的景象，就在盛满中；发生的机缄[②]，即在零落内。故君子居安宜操一心以虑患；处变当坚百忍[③]以图成。

【注释】 ①衰飒：枯萎、衰落。景象：犹迹象。《汉书·武帝纪》：“著见景象，屑然如有闻。”②发生：发育、生长。机缄：《庄子·天运》：“天其运（动）乎？地其处（止）乎？日月其争于所（处）乎？孰主张（主宰施张）是，孰维纲（维持纲纪）是，孰居无事推而行是（言各自运行）。意者（揣度）其有机缄而不得已邪？”成玄英疏：“机，关也；缄，闭也。……谓有主司关闭，事不得已。”指推动事物动作的造化力量。③百忍：唐郓州张公艺，九代同居。高宗祭泰山，过郓至其家，问何以能此。公艺取纸笔，但书百余“忍”字。（《旧唐书·张公艺传》）此言极度忍耐。

【译文】 枯萎、衰败的景象，就存在于事物丰盛盈满到极点的时候，发育、生长的力量，也孕育在事物凋谢脱落、飘零衰败之中。因此君子处在安定之中的时候应该考虑一下如何对待可能发生的忧患，处在动乱之中的时候应当坚定自己的信心，百事忍耐以求获得成功。

二四

觉[①]人之诈，不形[②]于言；受人之侮，不动于色。此中有无穷

意味，亦有无穷受用[3]。

【注释】 ①觉：发现。②形：显露，表现。③受用：好处、利益。佛教教义宣扬“一切皆苦”，宣扬容忍退让。此条即体现此种精神。

【译文】 发现了别人的奸诈，不要在话语和态度上显露出来；受到了别人的欺侮，也不要在话语和态度上有所表现。这当中有无穷的意趣和情味，也有无穷的好处与利益。

二五

吾身一小天地也，使喜怒不愆[1]，好恶有则[2]，便是燮理[3]的功夫；天地一大父母也，使民无怨咨[4]，物无氛疹[5]，亦是敦睦[6]的气象。

【注释】 ①使：假若。不愆：不超过规范。愆，超过。②则：标准。③燮（xiè）理：协调治理。燮，和，协调。④怨咨：怨恨，叹惜。⑤氛疹（chèn）：凶象病害。氛，《国语》注：“凶气为氛。”疹，病。⑥敦睦：亲厚和睦。

【译文】 我这个人本身就是一块小小的天地，如果我能做到高兴和发怒都不超过规范，爱好与厌恶都有一个统一的标准，这就有了一定的协调治理这块小小天地的功夫；天与地可以算是一个大大的父母，如果百姓没有怨恨与叹惜，世上万物没有凶象病害，这样这个大家庭中就有了一派亲厚和睦的气象。

二六

有妍必有丑为之对[1]，我不夸妍，谁能丑我？有洁必有污为之仇[2]，我不好洁，谁能污我？

【注释】 ①妍（yán）：美好。《关尹子·三极》：“日无不照，有妍有丑，而日无厚薄。”②仇：匹配，相伴。

【译文】 世界上之所以有美好的形象，是因为有丑陋的形象与之形成对照，假如我不赞扬美好的形象，谁能认为我的形象是丑陋的？世界上之所以有高洁的品行，是因为有污秽的品行与之匹配相伴，假如我不认为高洁的品行是好的，谁能认为我的品行是污秽的？

二七

爵位[①]不宜太盛，太盛则危；能事不宜尽毕[②]，尽毕则衰[③]；行谊[④]不宜过高，过高则谤兴而毁来。

【注释】 ①爵位：官位爵禄。②能事：所能之事。《易·系辞上》："引而申之，触类而长之，天下之能事毕矣。"亦指擅长之事。杜甫《戏题画山水图歌》："能事不受相促迫，王宰始肯留真迹。"尽毕：全都做完，做到终了。③衰：按照一定的标准递减。《左传·襄公二十五年》："且昔天子之地一圻，列国一同；自是以衰。"④行谊：即行义。品行，道义。

【译文】 官位爵禄不应该到达极点，到了极点就会处于危险的境地；所能之事不应该全部做完，做完了你的作用也就没有了；品行、道义不应该太为高洁，太为高洁了那么毁谤也会随之而来。

二八

当与人同过，不当与人同功，同功则相忌；可与人共患难[①]，不可与人共安乐，安乐则相仇。

【注释】 ①"可与"二句：《史记·越王勾践世家》："越王为人长胫鸟喙，可与共患难，不可与共乐。"

【译文】 应当与人共同承担事情的过失与错误，而不应当与人共同接受事业成功之后的功劳，共同接受这个功劳则容易引起人的妒忌与怨恨；可以与人共同渡过那危险与困难的时刻，而不可以与人共同享受那危险与困难过去之后的平安与欢乐，共同享受那平安与欢乐则会使人变得互相对立、互相仇恨。

二九

饥则附[①]，饱则飏[②]，燠则趋[③]，寒则弃[④]。人情通患[⑤]也。君子宜净拭冷眼，慎勿轻动刚肠。

【注释】 ①附：依附。②飏：同扬，飞去。③燠（yù）：暖。趋，趋附。④弃：离弃。⑤通患：大多共有的毛病。

【译文】 饥饿时来依附，吃饱后飞扬而去，高官在位之时前来趋附，失势落魄之后离弃而去。这是人生道路上经常遇到的事情，也是大多数人共有的通病啊！君子应该擦亮眼睛冷静观察，千万不要轻易触动刚直的心肠。

三〇

德随量[①]进，量由识长，故欲厚其德[②]，不可不弘[③]其量，欲弘其量，不可不大其识[④]。

【注释】 ①量：度量，容纳包涵事物的气魄。②厚其德：使德厚。③弘：扩大。④大其识：使识大，即提高、增长见识。

【译文】 德行随着度量的增进而增进，度量随着见识的增长而增长，因此如果要使一个人的德行变得厚实，不可不扩大他的度量，而如果要扩大他的度量，又不可不增长他的见识。

三一

一灯萤然[①]，万籁[②]无声，此吾人初入宴寂[③]时也；晓梦初醒，群动[④]未起，此吾人初出混沌[⑤]处也。乘此而一念回光，炯然返照[⑥]，始知耳目口鼻皆桎梏[⑦]，而情欲嗜好悉机械矣。

【注释】 ①萤然：像萤虫所发微光的样子。②万籁（lài）：自然界的一切声响。③宴寂：安息。④群动：各种动物。陶潜《饮酒》："日入群动息，归鸟趋林鸣。"⑤混沌：天地未开辟以前的元气状态为混沌，在此指夜间昏暗沉睡状态。⑥炯然：光亮的样子。返照：回光返照。在此指自身反省。⑦桎梏：脚镣与手铐，比喻束缚人或事物的东西。

【译文】 一盏青灯发出微光，各种声音都已消失——这是我们刚刚睡下准备休息的时候；拂晓梦境初醒，各种动物尚未起来——这是我们刚从昏睡当中醒来的时候。趁着这两个时光，可以进行自我反省，才知道人的耳朵、眼睛、嘴巴、鼻子都是束缚人的镣铐，而人的感情、欲望、爱好、喜欢也全是限制人的机械。

三二

水不波则自定，鉴不翳则自明[①]。故心无可清，去其混之者而清自现；乐不必寻，去其苦之者而乐自存。

【注释】 ①鉴：镜子。翳（yì）：障蔽。

【译文】 水面不起波浪自然会显得平静，镜子没有灰尘自然会显得明亮。因此人心的清白不要人去扫除，只要把混浊之物去掉，他的清白自己会得到显现；快乐不必去寻找，只要去掉了苦恼，他的快乐自然就在此中了。

三三

交市人不如友山翁[①]；谒朱门不如亲白屋[②]；听街谈巷语，不如闻樵歌牧咏[③]；谈今人失德过举[④]，不如述古人嘉言懿行[⑤]。

【注释】 ①友山翁：以山翁为友。山翁，山野村翁。②谒：晋见。朱门：红漆门。古时王侯贵族住宅的大门漆成红色，表示尊贵，因称权势人家为朱门。白屋：古时平民住屋不施彩，故以白屋指平民。③樵歌牧咏：樵夫牧童的歌谣。④失德过举：有过错的品德与错误行为。⑤嘉言懿行：美好的言论和高尚的行为。嘉、懿，美好。

【译文】 结交市井之人，不如以山野村翁为友；拜谒朱门权贵，不如去访问平民百姓；听街巷之人的谈论和闲话，不如听樵夫牧童唱唱歌谣；谈论现代人的不好品德和错误行为，不如讲述古代贤人的美好言论和高尚行为。

三四

前人云："抛却自家无尽藏，沿门持钵效贫儿[1]。"又云："暴富贫儿休说梦，谁家灶里火无烟[2]？"一箴自昧[3]所有，一箴自夸所有，可为学问切戒。

【注释】 ①"抛却"二句，引自明代思想家王阳明《咏良知四首示诸生》。《许彦周诗话》："韩熙载仕江南，每得俸给，尽散后房歌姬，熙载披衲持钵，就诸姬乞食，率以为常。"在此如后文所说系写"自昧所有"。②"谁家"句：以火皆有烟喻人均能经历富贵，以警暴发之贫儿不得妄自夸耀。③箴：规谏，告诫。自昧：自我隐晦。

【译文】 前人说："抛却自己家中没有穷尽的宝藏，拿着钵儿沿街挨门仿效那贫苦的孤儿。"又说："暴富的贫家子弟不要再说梦话，哪户人家的灶膛里面没有烟火？"前面两句是说自己隐藏了自己的所有，后面两句是说自己夸耀自己的所有，这都可供做学问的人引以为戒。

三五

信人者，人未必尽诚，己则独诚矣；疑人者，人未必皆诈，己则先诈矣。

【译文】 相信别人的人，别人未必都是诚心诚意的，自己则独自诚心诚意了；怀疑别人的人，别人未必都是狡诈之辈，自己却先变成狡诈之人了。

三六

为善不见其益，如草里冬瓜，自应暗长；为恶不见其损，如庭前春雪，当必潜消[1]。

【注释】 ①潜消：暗自消融。

【译文】 人做了好事，表面上似乎看不出有什么得益，实际上这譬如是生在杂草中的冬瓜，正在慢慢长大；人做了坏事，表面上似乎看不出有什么损失，实际上这譬如是积在庭院中的春雪，正在暗自消融。

三七

遇故旧之交，意气[1]要愈新；处隐微[2]之事，心迹宜愈显；待衰朽[3]之人，恩礼当愈隆[4]。

【注释】 ①意气：情谊，恩义。②隐微：隐和微都是隐蔽的意思。③衰朽：老迈无用。④恩礼：原指帝王对臣僚的礼遇。在此泛用于一般人之间。隆：尊崇。

【译文】 对于结交多年的老友，要用新的情谊恩义去结交；对于一些隐晦不明的事情，应该明确地表明自己的思想立场；对于一些老迈无用的人，应该表示更加尊崇的礼遇。

三八

凭意兴[1]作为者，随作则随止，岂是不退之轮[2]；从情识解悟者[3]，有悟则有迷，终非常明之灯[4]。

【注释】 ①凭意兴：凭着意愿和兴致。②不退之轮：佛教术语，不退转之法轮，佛菩萨说法，谓之法轮。菩萨得此法轮，愈增愈进，而不退失，故云不退转。又所说之理有进无退，故云不退转。使众生得不退转，故云不退转法轮。③“从情”句：佛教认为解悟是会得道理，而解悟应通过闻法，故作者以为从情识解悟有悟则有迷。④常明灯：一名长明灯、无尽灯。佛教认为以一人之法展转开导百个人而无尽，如一灯燃百灯，一菩萨开导百千众生，自增益一切善法，故名无尽灯。此言本智光明永远普照。

【译文】 凭着意愿和兴致工作的人，由着自己的兴趣去做，也由着自己的不感兴趣而停止，这难道是不退转的法轮？不通过闻法而从情识解悟的人，有些方面已经觉悟，但有些方面还是迷惘，这终究不是长明之灯。

三九

能脱俗便是奇，作意尚奇[1]者，不为奇而为异；不合污便是清，绝俗[2]求清者，不为清而为激[3]。

【注释】 ①作意尚奇：故意地推崇新奇。②绝俗：超出世俗常情。③激：过激，过分。

【译文】 能够脱离世俗之气便是新奇，但是故意地推崇新奇的举动不能算是新奇，只可看作是怪异；不与污浊合流便是清白，但是超出世俗常情去求清白的举动不能算是清白，只能称为过激。

四〇

心虚则性现[1]，不息心而求见性，如拨波觅月[2]；意净[3]则心清，不了意[4]而求明心，如索镜增尘[5]。

【注释】 ①“心虚”句：佛教称一切现象的自体、现象的体性为性，也称法性。禅宗主张明心见性，只有息心修习方可彻见法性。②拨波觅月：即水中捉月，喻空虚幻想，不能实现。《景德传灯录》三十《永嘉真觉禅师·证道歌》：“镜里看形见不难，水中捉月争（怎）拈得。”③意净：意念澄净，去除烦恼尘垢。④了意：意念了悟。⑤索镜增尘：本来想求得镜面光亮，却往它上面增加了灰尘。比喻意愿难得实现。

【译文】 只有息心修习方可彻见法性，不息心修习而又希望达到明心见性，这就好比是水中捞月终究没有结果；只有意念澄净才会心体清明，意念不了悟而又希望心体清明，这好比是本来希望求得镜面光亮却往它上面增加了灰尘。

四一

我贵而人奉之，奉此峨冠大带[1]也。我贱而人侮之，侮此布衣草履[2]也。然则原非奉我，我胡为[3]喜；原非侮我，我胡为怒？

【注释】　①峨冠大带：居官者的衣着。峨：高。②布衣草履：指平民的衣装打扮。草履：草鞋。③胡为：为什么。

【译文】　我的地位尊贵了，别人都来奉承我，其实他们不是奉承我的身体，而是奉承我所穿的官服所戴的官帽啊！我的地位卑贱了，别人都来侮辱我，其实他们不是侮辱我的身体，而是侮辱我所穿的布衣所着的草鞋啊！既然别人原来不是奉承我本人，我为什么要高兴？本来不是侮辱我，我为什么要发怒？

四二

心体便是天体[1]。一念之喜，景星庆云[2]；一念之怒，震雷暴雨；一念之慈，和风甘露[3]；一念之严，烈日秋霜，何者少得[4]？只要随起随灭，廓然无碍[5]，便与太虚[6]同体。

【注释】　①心体：心的本体。天体：自然的本体。②景星：《史记·天官书》："天精而见景星。景星者，德星也。其状无常，常出于有道之国。"也称瑞星。庆云：五色云。古以为祥瑞之气。《汉书·礼乐志·郊祀歌》："甘露降，庆云集。"又《天文志》："若烟非烟，若云非云，郁郁纷纷，萧索轮囷。是谓庆云，喜气也。"③和风：春日和煦的微风。甘露：甘美的雨露。古人迷信，以降甘露为太平之瑞兆。④"何者"句，言心体之喜怒慈严诸情感正如自然界之日月星云、风霜雨露一样齐备而不可少。⑤廓然：广大空阔的样子。无碍：佛教指自在通达而无障碍。《维摩经·佛国品》："心常安住，无碍解脱。"注："得此解脱，则于诸法通达无碍，故心常安住。"⑥太虚：天空。在此即指前文所说之"天体"。

【译文】　心的本体就像大自然的本体。当人心里高兴的时候，就像天上出现了有德之星与五彩祥云；当人心里发怒的时候，就像天上出现了响雷和暴雨；当人心里慈祥的时候，就像春日和煦的微风与甘美的雨露；当人心里出现杀机的时候，就像酷暑的太阳与深秋的霜露。心体的喜怒慈严诸情感正如自然界之日月星云、风霜雨露一样齐备而不少。只要人的心里念头兴起之后随即灭掉，心胸广大空阔，自在通达而无障碍，便与天空同体了。

四三

无事时心易昏冥[①]，宜寂寂而照以惺惺[②]；有事时心易奔逸[③]，宜惺惺而主以寂寂[④]。

【注释】 ①昏冥：昏暗糊涂。②“宜寂”句：应该清冷寂寞地用机灵智慧之光照射它。惺惺：机警、警觉。刘基《醒斋铭》：“昭昭生于惺惺，而愦愦出于冥冥。”③奔逸：奔放逸脱。④“宜惺”句：应该清醒机灵地用清冷寂寞的感情去主持它。

【译文】 没有事情的时候，人的思想容易昏暗糊涂，应该清冷寂寞地用机灵智慧之光来使他警觉；有事情的时候，人的思想容易奔放逸脱，应该清醒机灵地用清冷寂寞的感情去主持它。

四四

议事者身在事外，宜悉[①]利害之情；任事者身居事中，当忘利害之虑[②]。

【注释】 ①悉：熟悉、了解。②虑：思考、顾虑。

【译文】 议论事情的人因为处身在事情之外，发表意见之前应该先行了解熟悉这件事情的好处与坏处两方面的情况；参加这件事情的人身居事情之中，做起事情来应该忘掉做这件事情对自己有利还是有害两方面的考虑而把事情办好。

四五

标节义者必以节义受谤[①]；榜道学者常因道学招尤[②]。故君子不近恶事，亦不立善名。只浑然[③]和气，才是居身[④]之珍。

【注释】 ①标：标榜、宣扬、夸耀。节义：节操与义行。②榜：同标。道学：即宋代理学。自周敦颐、程颢、程颐至朱熹最后完成的以儒家为主、兼容佛道思想某些内容的一种思想体系。朱熹《朱文公集·中庸章句序》："《中庸》何为而作也？子思子忧道学之失其传而作也。"招尤：招致怨尤。尤，责怪、归咎。③浑然：朴实得近于糊涂的样子。④居身：即处身，在社会上生活。

【译文】 宣扬节操与义行的人一定会因节操与义行遭到人们的批评，标榜道学的人常常会因道学而招致责怪与怨言。因此君子不靠近名声不好的事情，也不建立良好的名声，只是朴实得近于糊涂的样子，这才是在社会上立身的珍宝。

四六

忙里要偷闲，须先向闲时讨个把柄①；闹中要取静，须先从静处立个主宰②。不然，未有不因境而迁③，随事而靡者④。

【注释】 ①把柄：器物供握持的把，后以之用为可供要挟之证据，此言掌握之根据，与下文"主宰"近义。②主宰：主管、支配。亦指主管支配者。③因境而迁：由于环境变化而变化。④随事而靡：随着事物的发展而倒伏。以上二句皆言要注意在平时涵养处事不变的心性。

【译文】 如果要想在忙碌当中偷个空闲，必须预先在平时空闲的时候把忙时要做的事情做掉一些；如果要想在热闹之中取得清静，必须平常在清静的时候，就要立下坚定的信念。如果不是这样，没有不由于环境的变化而变化，随着事物的发展而倒伏的。

四七

纵欲之病可医①，而执理之病②难医；事物之障③可除，而义理之障④难除。

【注释】 ①纵欲：放纵情欲。②执理之病：对自认为是真理的东西执着追求进而成癖。③事物之障：具体的，物质方面的阻障。佛教认为烦恼能阻碍圣道，故称烦恼为障。④义理之障：对正义真理认识上的障碍。言对错误认识、偏见的执着态度造成的心理障碍。

【译文】 放纵情欲的毛病是可以医治的，然而对自认为是真理的东西执着追求进而成癖的毛病是很难医治的；具体的物质方面的障碍物是可以拆除的，然而由于对错误认识、偏见的执着态度造成的心理障碍是很难拆除的。

四八

宁为小人所忌毁[1]，毋为小人所媚悦[2]；宁为君子所责修[3]，毋为君子所包容[4]。

【注释】 ①忌毁：忌恨毁谤。②媚悦：谄媚取悦。③责修：谴责修治，即批评并责成其改正。④包容：包涵容让。其间含怜悯原谅，故不如责修之可接受。

【译文】 宁可被小人忌恨毁谤，也不要接受小人的谄媚与讨好；宁可被君子批评并责成改正，也不要接受君子的包涵容让。

四九

好利者逸出于道义之外[1]，其害显而浅；好名者窜入于道义之中[2]，其害隐而深。

【注释】 ①逸：逃。义与利古代以为对立，故下文言其害显而浅。②“好名”句：云假借施行道义而追逐名声，实伪君子者流，故其下称其害隐而深。

【译文】 爱好利益的人跑出道德和义理之外，他所做的事情已不属于道德义理的范围，因此所产生的害处是明显而且肤浅的；喜好名声的人假借施行道义而追逐名声，实际上是伪君子者流，因此他们所产生的害处是隐晦而且深刻的。

五〇

受人之恩虽深不报，怨则浅亦报之；闻人之恶虽隐[1]不疑，善则显亦疑之。此刻之极、薄之尤[2]也。宜切戒之。

【注释】　①隐：隐晦，不很清楚。②尤：更加，最。

【译文】　接受了别人的恩惠，即使是很深厚的也不报答，对别人有怨恨，即使是很肤浅的也要进行报复；听到了别人的不好行为，即使是不很清楚的也不怀疑，听到了别人的好的行为，即使是很明显的也不相信。这些都是最刻毒、最不厚道的，应该坚决地予以戒除。

五一

谗夫[1]毁士，如寸云蔽日，不久自明；媚子阿人[2]，似隙风侵肌，不觉其损。

【注释】　①谗夫：用进谗言毁谤他人的人。②媚子：以谄媚取悦于人的人。阿人：对人阿谀奉承。

【译文】　专进谗言的人诋毁别人，好像一小片云彩遮蔽了太阳，过不了多少时间，真相自然会得到大白；以谄媚取悦于人的人对人阿谀奉承，好像是从缝隙里进来的风侵蚀人的肌骨，使人并不觉得受到它的损害。

五二

山之高峻处无木，而溪谷回环则草木丛生；水之湍急处无鱼，而渊潭停蓄则鱼鳖聚集。此高绝之行，褊急之衷[1]，君子重[2]有戒焉。

【注释】　①褊急：器量狭小而生性急躁。衷，心。②重：深、甚。

【译文】　又高又陡的山上树木往往不能生长，而在那低矮潮湿、溪水环绕的洼地里草木却能丛丛生长；又快又急的水里鱼儿往往不能停留，而在那碧波荡漾的山间渊潭里鱼儿鳖儿却能聚集。这些就像那超出一般水平别人无法达到的品行，器量狭小而生性急躁的心胸，君子应该深深地引以为戒。

五三

处世不宜与俗同，亦不宜与俗异；作事不宜令人厌，亦不宜令人喜。

【译文】 为人处事，不必完全遵从世上的风俗习惯，也不应完全违背世上的风俗习惯；所做之事，不应该违拗别人的意志使人感到讨厌，也不必完全迎合别人的胃口使人感到欢喜。

五四

日既暮而犹烟霞绚烂[①]，岁将晚而更橙桔芳馨[②]。故末路[③]晚年，君子更宜精神百倍。

【注释】 ①绚烂：光彩炫耀。此写晚霞之美观。②橙桔芳馨：橙桔晚秋成果，溢香游园。苏轼《赠刘景文》诗："一年好处君须记，正是橙黄桔绿时。"③末路：谓人生道路已无多，即晚年。

【译文】 太阳快要下山的时候，如烟的云霞更加显得光彩炫耀，景色十分美丽；年岁快要结束的时候，橙子和桔子已经成熟，香溢满园甚是诱人。因此君子到了晚年之时，更应该老当益壮，精神百倍。

五五

鹰立如睡，虎行似病，正是他攫人噬人手段处[①]。故君子要聪明不露，才华不逞[②]，才有肩鸿任巨[③]的力量。

【注释】 ①攫（jué）：用爪抓取。噬（shì）：吞、咬。②逞：显露。③肩鸿任巨：肩负大业、担任大事。

【译文】 鹰鸟站立的样子像是在睡觉，老虎走路的样子像是一个病夫，这些正是它们为了能抓取动物获得食物而装出来的样子，因此君子要做到有聪明不显露、有才华也不显露，只有这样才能具有肩负大业、担任大事的力量。

五六

世人以心肯[①]处为乐，却被乐心引在苦处；达士以心拂[②]处为乐，终为苦心换得乐来。

【注释】 ①心肯：顺遂心意。②达士：明智达理之士。心拂：违背心愿，不如意。

【译文】 世上一般的人都认为生活中顺遂心意的时候是快乐的，因此常常被这快乐的心情引向苦恼之处；而明智通达的人却认为生活中违背心愿的时候是快乐的，因此在不如意的时候奋发图强克服困难终于换来了成功的喜悦。

五七

居盈[①]满者如水之将溢未溢，切忌再加一滴；处危急者如木之将折未折，切忌再加一搦[②]。

【注释】 ①盈：充满。②搦（nuò）：按压。

【译文】 居于极盛状态的人好比是水已充满了容器即将溢出而尚未溢出，切忌再加上一滴；处于危急之中的人就像是木头将断未断，切忌再去按压一下。

五八

冷眼[①]观人，冷耳听语，冷情当感[②]，冷心思理。

【注释】 ①冷眼：指观察事物时的冷静或冷淡的神情。②冷情当感：用冷静的情绪来对待各类事物给自己的感受。

【译文】 用冷静的眼光来观察人；用冷静的耳朵来听听别人的闲话；用冷静的情绪来对待各类事物给自己的感受；用冷静的头脑来分析考虑各种道理。

五九

闻恶不可就恶[①]，恐为谗夫泄怒[②]；闻善不可急亲，恐引奸人进身。

【注释】 ①就恶（wù）：即刻讨厌，认为其恶。②谗夫泄怒：进谗言的人为发泄私怨而毁谤（意其并非真恶）。

【译文】 听到有人说某人某事不好，不要立即表示同意也认为某人某事不好，恐怕这是进谗言的人为发泄私怨而毁谤；听到有人来说某人某事是好的，不要立即表示同意也认为某人某事是好的，这样恐怕会招来实际上不好的奸人接近自己。

六〇

性躁心粗者一事无成；心和气平者百福自集。

【译文】 性格暴躁、心思粗疏的人什么事情也做不成功；心气平和、不骄不躁的人各种幸福都会集中到他身上来。

六一

风斜雨急[①]处，要立得脚定；花浓柳艳[②]处，要看得眼高；路危径险[③]处，要回得头早。

【注释】 ①风斜雨急：喻形势危急。②花浓柳艳：喻生活在荣华富贵之中。③路危径险：喻走错了道路，前途艰难，陷入困境。

【译文】 处于形势艰难危急的时候，要站稳脚跟立场坚定；生活在荣华富贵之中，要站得高看得远；发现走错了道路的时候，要趁早立即回头。

六二

节义之人，济以和衷[①]，才不启忿争之路；功名之士，承以谦德[②]，方不开嫉妒之门。

【注释】 ①济：增益。和衷：谓和睦同心。《书·皋陶谟》：“同寅协恭和衷哉。”②承：通“丞”，辅佐。谦德：谦逊的美德。

【译文】 对讲究节操和义气的人，要增益一些和睦同心的思想，才不会开启愤怒相争的道路；对重视功劳与名誉的人，要辅之以谦逊的美德，才不会开启嫉妒的大门。

六三

士大夫居官，不可竿牍无节[①]，要使人难见，以杜幸端[②]；居乡，不可崖岸[③]太高，要使人易见，以敦旧好[④]。

【注释】 ①竿牍无节：应酬交际没有节制。《庄子·列御寇》："小夫之知，不离苞苴竿牍。"成玄英《庄子疏》："'苞苴'，香草也，'竿牍'，竹简也。夫搴芳草以相赠，折简牍以相问者，斯盖俗中细香。"②以杜幸端：用以杜绝侥幸之徒生出事端。③崖岸：崖岸险绝，喻高傲，不易接近。④敦旧好：使旧日交游友好情谊更笃厚。

【译文】 士大夫出仕任官的时候，应酬交际不可以没有节制，应当使人难以捉摸，这样才可以杜绝侥幸之徒生出事端来；回到家乡的时候，则心地不可以太为高傲，要平易近人，使旧日交游友好情谊更加笃厚。

六四

善读书者，要读到手舞足蹈处[①]，方不落筌蹄[②]；善观物者，要观到心融神洽[③]时，方不泥迹象[④]。

【注释】 ①"要读"句：《孟子·离娄上》说到仁、义、智、礼、乐的时候，说乐不可止，"则不知足之蹈之，手之舞之"。此极言领会书中乐趣。②筌蹄：筌用以捕鱼，蹄用以捕兔，此用以比喻限制某种事物的手段。《庄子·外物》："筌者所以在鱼，得鱼而忘筌，蹄者所以在兔，得兔而忘蹄。言所以在意，得意而忘言。"③心融神洽：心领神会（指看到了事物的本质后）。④不泥迹象：不为事物的外象所拘束。

【译文】 善于读书的人，要读到手舞足蹈的地步，领会了书本中真正的意旨和乐趣，才不会受到书本知识的局限；善于观察事物的人，要透过事物的表面现象看到事物的本质而心领神会，才不会为事物的外象所拘束。

六五

天贤一人[①]以诲众人之愚，而世反逞所长以形人之短[②]；天富一人[③]以济众人之困，而世反挟所有以凌人之贫[④]。真天之戮民[⑤]哉！

【注释】 ①贤一人：使一人贤。贤：才能，德行好。有时专指德行，有时专指才能。此处当专指才能。《谷梁传·文公六年》："使贤者佐仁者。"范宁集解："贤者，多才也。"②世：社会上的人们，与上句"天"（上天）对应。逞：显露。形：对照。③富一人：使一人富。④挟所有：拿着自己的财富。凌：欺负。⑤戮民：罪人。《庄子·大宗师》："孔子曰：'丘，天之戮民也'。"

【译文】 上天使一个人具有各种才能来教诲那些没有才能的人们，可是现在的世风是具有才能的人不但不帮助那些没有才能的人，反而显露自己的长处来使别人的短处更加突出；上天使一个人富足以帮助那些贫困的人们，可是现在的世风是富足之人不但不帮助别人解决困难，反而拿着自己的财富来欺负别人的贫困。这些人真是上天的罪人啊！

六六

至人何思何虑[①]，愚人[②]不识不知。可与论学[③]，亦可与建功。惟中才的人多一番思虑知识，便多一番亿度[④]猜疑，事事难以下手。

【注释】 ①至人：这里指道德修养和文化修养达到最高境界的人。何思何虑，《易·系辞下》：子曰："天下何思何虑，天下同归而殊途，一致而百虑，天下何思何虑。"言洞晓无遗，何须思虑。②愚人：即愚民，封建统治阶级认为人民愚昧，因称为"愚民"。在封建社会人民群众没有接受教育的机会，没书本知识。③"可与"二句：谓至人洞晓一切，愚人一无所知，分居两端，与之论学建功，前者了解，后者盲从，皆无不可。④亿度（duó）：预料，猜想。

【译文】　道德好文化高的人凡事洞晓无遗，何须思虑？人民群众没有知识、没有文化。这两类人可以与他们讨论学问，也可以与他们一起建立功劳。只有那些具有中等才学的人多一番思虑知识，便多一番预料猜疑，事事难以下手，没有一件事情办得成功的。

六七

口乃心之门，守口不密，泄尽真机；意乃心之足[①]，防意不严，走尽邪蹊[②]。

【注释】　①意乃心之足：总说心意同义，此析言谓心有所思乃产生意识，人们根据行事，故有此喻。②邪蹊：歪路。蹊，蹊径，小路。

【译文】　嘴巴是人心的门户，讲话如不注意，就会泄漏心中的秘密；意识是人心的两足，意念如不能控制，就会走向歪路。

六八

责人者，原无过于有过之中[①]，则情平；责己者，求有过于无过之内[②]，则德进。

【注释】　①“原无”句：人已有过，于中宜推求其无过，谓责人以宽，故下言情平。②“求有”句：己本无过，于申求其是否有过，谓责己以严，故下言德进。

【译文】　对待别人应该宽容，别人犯了错误，应该像没有犯错误那样对待他，这样别人的感情容易平息；对待自己应该严格，自己虽然没有错误，但要经常检查自己有无错误，这样品德就能够获得进步。

六九

子弟者大人之胚胎，秀才者士夫之胚胎[①]。此时，若火力[②]不到、陶铸[3]不纯，他日涉世立朝[4]，终难成个令器[5]。

【注释】 ①“秀才”句：封建社会科举乃入仕之途，故有此喻。胚胎：本来是指由受精卵发育而成的初期发育的动物体，这里比喻事物的开始或形成。《尔雅·释诂》：“胎，始也。”郭璞注：“胚胎未成，亦物之始也。”②火力：烧制陶器、冶铸金属，均需烈火烧制。借喻人才锻炼。③陶铸：烧制瓦器和熔铸金属，比喻造就、培育。《庄子·逍遥游》：“是其尘垢秕糠，将犹陶铸尧舜者也。”④涉世：处世。立朝：入朝居官。⑤令器：善器。喻有用人材。令，美、善。

【译文】 小孩是大人的胚胎，秀才是士大夫的胚胎。假如在小孩、秀才时锻炼得不够、培育得不纯，等到日后处世为人、入朝为官，终究难以成为一个有用的人材。

七〇

君子处患难而不忧，当宴游而惕虑[1]；遇豪权而不惧，对茕独而惊心[2]。

【注释】 ①当：对。惕虑：警惕而严肃思考。②茕（qióng）独：孤苦伶仃的人。无兄弟谓茕，无子孙谓独。惊心：谓惊动怜悯救助之心。

【译文】 君子处在患难之时一点也不担忧，但在安乐优游之时却经常警惕而严肃地思考；遇到豪强权贵一点也不害怕，对孤苦伶仃的人却会动怜悯救助之心。

七一

桃李虽艳，何如松苍柏翠之坚贞；梨杏虽甘，何如橙黄桔绿之馨冽[1]。信乎浓夭[2]不及淡久，早秀不如晚成也[3]。

【注释】 ①馨冽：香味清醇。②信乎：确实是这样的。夭：生命短促、少壮而死。此言时短。③早秀：指桃李开花，喻幼慧。晚成：指橙桔结实，喻晚年始成熟。《老子·第四十一章》：“大方无隅，大器晚成，大音希声，大象无形。”

【译文】　桃花和李花虽然鲜艳，怎能比得上苍松翠柏的坚贞长久；梨子和杏子虽然甘甜，怎能比得上黄橙绿桔的香味馨冽。真是这样的啊！时间短暂的浓艳不如长久的淡泊，早早的开花呈艳还不如晚秋的成熟结果啊！

七二

风恬浪静中，见人生之真境[①]；味淡声希[②]处，识心体之本然。

【注释】　①真境：佛教称真理之境界为真境。《维摩经序》："冥心真境，即画环中。"②味淡，味道淡薄。希：即希夷，即空虚寂静，不能感知。《老子》："视之不见名曰夷，听之不闻名曰希。"河上公注："无色曰夷，无声曰希。"

【译文】　风儿恬适波浪平静之中，能够见到人生的真实境界；味道淡薄声音稀夷之处，能够认识到人的天性的本来面目。

七三

羡[①]山林之乐者，未必真得山林之趣；厌名利之谈者，未必尽忘名利之情。

【注释】　①羡：一本作"谈"。

【译文】　羡慕山林岩穴生活的快乐的人，未必真正知道山林隐居生活的意趣；讨厌谈论名誉利禄的人，未必全部忘了名誉利禄方面的事情。

七四

莺花[①]茂而山浓谷艳，总是乾坤[②]之幻境；水木落而石瘦崖枯，才见天地之真吾[③]。

【注释】　①莺花：莺啼花放，是春天景物的特色，用以概指春景。王禹偁《春日官舍偶题》诗："莺花愁不觉，风雨病先知。"②乾坤：即天地。③“水木落”二句：朱熹诗：“木落水尽千崖枯，我亦迥然见真吾。”原句析言为水落石瘦，水落崖枯。真吾：犹言本来之我、真实之我。

【译文】 莺啼花开，山谷浓艳，景色虽美，总是天地虚幻的景色；水木分明，石崖枯瘦，虽然显得寂寞，这才是天地真实的“我”。

七五

岁月本长，而忙者自促[①]；天地本宽，而鄙者自隘[②]；风花雪月[③]本闲，而劳攘者自冗[④]。

【注释】 ①自促：自己搞得紧迫、短促。②自隘：自己搞得局促狭窄。③风花雪月：指四时景致——春花、夏风、秋月、冬雪。④劳攘：纷扰，劳碌。自冗：自己搞得很繁忙。

【译文】 人生岁月本来是很长久的，可是忙忙碌碌的人自己把时间和生命搞得紧迫和短促；天地六合本来是很宽广的，可是庸俗鄙陋的人自己把思想意识搞得局促狭窄；风花雪月本来是很安闲的，可是纷扰操劳之人自己把生活和工作搞得繁杂繁忙。

七六

得趣不在多，盆池拳石间烟霞具足[①]；会景[②]不在远，蓬窗竹屋下风月自赊[③]。

【注释】 ①盆池拳石：盆子大的池塘，拳头大的石山。指盆景。烟霞：林泽有烟霭、天际现彩霞，言大自然美好景色。②会景：会心的景致。③蓬窗竹屋：蓬蒿为门窗、竹枝为居室。风月自赊：自然美景的欣赏悠然久远。赊，久远。

【译文】 领会大自然的乐趣并不在于看到的景物的多少，在盆子大的池塘里，在拳头大的石山间，山林水泽间的烟雾、天边云际的彩霞都已具备了；使人会心的景致并不在那很远的地方，蓬蒿的门窗、竹枝的居室里清风明月、美丽的景色的欣赏悠然久远。

七七

心无物欲[①]，即是秋空霁海[②]；坐有琴书，便成石室丹丘[③]。

【注释】 ①物欲：即物役。《荀子·正名》："故向万物之美而盛忧，兼万物之利而盛害，……夫是之谓以己为物役也。"言为追求物质享受而反为物所役使，引申为人事牵累。谢瞻《答灵运》诗："独夜无物欲，寝者亦云宁。"②秋空霁海：秋日澄彻的高空，雨后放晴的海天。喻清净澄彻，玲珑透明。③石室：山中隐者居室。丹丘：神话中的神仙之地，昼夜长明。

【译文】 心中没有人事方面的牵累，心境就像那秋日澄彻的高空、雨后放晴的海天，清净澄彻，玲珑透明，座位旁边放着古琴和书本，居处便成了山中隐者居住的石室，神仙居住的丹丘，非常清静，其乐无穷。

七八

宾朋云集[①]，剧饮淋漓[②]乐矣。俄而漏尽烛残[③]、香销茗冷[④]，不觉反成呕咽[⑤]，令人索然无味。天下事率类此[⑥]，奈何不早回头也[⑦]。

【注释】 ①云集：如云之集，极言人多。《史记·秦始皇本纪》："天下云集响应。"②淋漓：酣畅尽兴。③俄而：顷刻间。漏尽：指夜深。古人以刻漏计时。④香销茗冷：薰香已烧成灰烬，茶已冰冷。⑤呕咽：哭泣。贪酒伤神，醉后悲从中来。⑥率类此：大都与此相同。⑦"奈何"句：一本此句前尚有一"人"字。

【译文】 宾客朋友聚集在一起，饮酒酣畅尽兴，极其快乐。但是顷刻之间长夜将尽，蜡烛已完，薰香成灰，茶已冰冷，不觉悲从中来，转为呜咽哭泣，使人感到索然无味。天下之事大都与此相同，人们为什么不及早觉醒回头呢？

七九

会得个中趣[①]，五湖之烟月尽入寸里[②]；破得眼前机[③]，千古之英雄尽归掌握。

【注释】 ①个中：即此中。趣：意趣。②五湖：言范围广阔。具体称说纷杂不一，近代一般认为系指洞庭湖、鄱阳湖、太湖、巢湖、洪泽湖而言。烟月：湖面烟霭、空中明月，指美丽风景。寸里：即心里。心居胸中方寸之地，故一称方寸。③破：看破，佛教指了悟、明白的意思。机：事物发展变化的枢纽、关键。

【译文】 领会了此中的意趣，五湖四海的美丽风景全都进入我寸心之中；明白了事物发展变化的关键，古往今来那么多英雄的事迹全部在我掌握之中。

八〇

寒灯无焰[①]，敝裘无温[②]，总是播弄光景[③]；身如槁木[④]，心似死灰，不免堕落顽空[⑤]。

【注释】 ①寒灯无焰：灯烛在寒气侵袭下飘忽不稳，难生光焰。②敝裘无温：皮衣破旧亦不暖和。③播弄：摆布玩弄。白朴《梧桐雨》第二折："如今明皇年已昏眊，杨国忠、李林甫播弄朝政。"光景：景况。④"身如"二句：《庄子·齐物论》："形固可使如槁木，而心固可使如死灰乎?"⑤"堕落"：一本作"堕在"。顽：愚妄。空：佛教术语，因缘所生之法，究竟而无实体曰空，又谓理体之空寂。《维摩经·弟子品》曰："诸法究竟无所有，是空义。"

【译文】 灯烛因为寒气的侵袭飘忽不定难以产生光焰，皮衣因为已经破旧难以产生暖气，世上之事总是一番摆布玩弄人的样子；形体安定已经如同那干枯的枝木，心灵寂静也已如同熄灭的灰烬，然而有时还是不能到达那真正的空的境界。

八一

人肯当下[1]休，便当下了。若要寻个歇处，则“婚嫁虽完，事亦不少；僧道虽好，心亦不了。”前人云：“如今休去便休去，若觅了时无了时。”见之卓[2]矣。

【注释】　①当下：当即，即时。休：停止、罢休。曹丕《典论·论文》：“下笔不能自休。”杜甫《遣兴三首》：“愿闻甲兵休。”②见之卓：卓越的见解、见识。

【译文】　人们遇到事情，如果能当即解决掉的，应该当即就解决掉，不要拖延。因为如果拖延一下，停顿一下，就会出现一种“子女婚嫁之事虽已完结，但事情还有不少；当个和尚道士虽是好的，但心里尚未了结”的局面。前人曾经说过：“如今休去便休去，若觅了时无了时。”这确实是卓越的见解啊！

八二

从冷视热[1]，然后知热处之奔走[2]无益；从冗[3]入闲，然后觉闲中之滋味最长。

【注释】　①“从冷”句：此冷、热指生活态度之冷静恬淡与热中追逐。②奔走：一本作“奔驰”，义近。③冗：杂乱繁忙。

【译文】　从冷静之处来看待热闹，然后才知道对功名富贵的热中追逐实际上是没有益处的；从杂乱繁忙进入安闲恬静之中，然后才能感觉得到安闲恬静的滋味是最为美好的。

八三

损之又损[1]，栽花种竹，尽交还乌有先生[2]；忘无可忘[3]，焚香煮茗，总不问白衣童子[4]。

【注释】 ①损之又损：《老子·第四十八章》："为学日益，为道日损，损之又损，以至于无为。"言为学求知，当日有增进，为道去妄，当日有减少，少而又少，妄去真全，则可无为。②乌有先生：乌有即无有。汉司马相如写《子虚赋》时虚拟的人名。《史记·司马相如传》："'乌有先生'者，乌有此事也。"③忘无可忘：佛教修持讲究物我两忘，今言忘无可忘，已达大彻大悟。④白衣童子：《续晋阳秋》："陶潜尝九月九日无酒，宅边东篱下菊丛中摘菊盈把，坐其侧。未几，望见白衣人至，乃王弘送酒也。即便就酌，醉而后归。"此言"白衣童子"为与上文"乌有先生"对偶而作，此谓不问酒。

【译文】 为道去妄，减少了再减少，妄念终于全部去尽，每天只是栽花种竹，一切都成乌有之事；问佛修持，忘记了再忘记，物我两忘大彻大悟，每天只是焚香煮茶，再不用借酒逃愁。

八四

松涧边携杖独行，立处云生破衲[①]；竹窗下枕书高卧，觉时月浸寒毡[②]。

【注释】 ①"立处"句：言立足之处，云气包围自身，好像是从自己身边升起。总说松涧边携杖独行，使人感觉超逸尘俗。②毡：用兽毛碾合成的片状物，此言铺垫以卧者。醒来冷月相对，幽清之境，更无尘世纷闹。

【译文】 在种着松树的山涧边上拄着拐杖独自行走，站立的地方云气好像是从自己身边升起；在茅房的竹窗之下头枕着书本高高地安卧，醒来时明月高挂，光亮照着自己所睡的寒毡。

八五

忙处不乱性[①]，须闲处心神养得清[②]；死时不动心，须生时事物看得破。

【注释】 ①"忙处"句：言事多忙乱时自身本性不乱。②"须闲"

句：言必须平日闲暇时精神修养得十分清醒明晰。

【译文】 事多忙乱之时自身本性不乱，必须在平日闲暇之时精神修养得十分清醒明晰；撒手离开人世之时并不留恋，必须在活着之时对世上万事万物都看得十分透彻。

八六

热[①]不必除，而除此热恼[②]，身常在清凉台[③]上；穷不可遣[④]，而遣此穷愁[⑤]，心常居安乐窝中。

【注释】 ①热：此热谓自然气温之暑热。②热恼：因暑热而引起的内心的烦恼。③清凉台：《华严经》疏称山西五台山为清凉山。“以岁积坚冰，夏仍飞雪，曾无炎暑，故曰清凉。”此言清爽凉快之台。④遣：排遣，使离去。⑤穷愁：因穷困而引起的内心的愁苦。

【译文】 暑天自然气温的炎热不必去消除，如要消除这炎热的烦恼，只要把自己的身子放置在清凉爽快的台面上就可以了；人生命运中的贫穷不可使之离去，而要远离这贫穷的愁苦，只要自己的心思经常放在安乐的处所之中就可以了。

八七

嗜寂者观白云幽石而通玄[①]，趋荣者[②]见清歌妙舞而忘倦。唯自得[③]之士，无喧寂、无荣枯，无往非自适之天[④]。

【注释】 ①嗜寂者：隐居山林爱好静寂的人。白云幽石：谢灵运《过始宁墅》诗中有“白云抱幽石，绿筱媚清涟”的句子，极写清幽景色。玄：玄妙之理。②趋荣者：趋赴追逐荣利的人。③自得：自有心得。《孟子·离娄下》：“君子深造之以道，欲其自得之也。”④“无喧”三句：言因自有所得，故无分喧嚷寂静、不别荣利枯敝，所到之处皆恬然自适之天地。

【译文】 隐居山林爱好静寂的人通过观看白云幽石而能懂得玄妙的道理，趋赴荣华追逐富贵的人看见妙舞听见清歌而忘掉了官场奔波的疲劳。只有那些自有心得的人士，不分喧嚷寂静、不别荣利枯敝，听到之处皆怡然自适之天地。

八八

悠长之趣，不得于醲酽[①]，而得于啜菽饮水[②]；惆怅之怀[③]，不生于枯寂，而生于品竹调丝[④]。固知浓处味常短，淡中趣独真也。

【注释】 ①醲酽：指酿酒酽茶。②啜（chuò）菽饮水：清淡食品，清贫生活。《荀子·天论》："楚王后车千乘，非知也；君子啜菽饮水，非愚也。"啜，尝；菽，豆类。③惆怅：因失望或失意而哀伤。《楚辞·九辩》："羁旅而无友生，惆怅兮而私自怜。"④品竹调丝：欣赏音乐。竹管乐以竹制，弦乐以丝制，故以丝竹指代乐器。

【译文】 悠长的趣味，并不是来自醲酒酽茶，而得之于清淡的食品、清贫的生活；哀伤的情怀，并不是来自枯燥寂寞，而生之于歌舞音乐、快乐的生活。本来就应该知道，浓艳生活的趣味常常是短暂的，而平淡生活的趣味才是真正长远的啊！

八九

禅宗[①]曰：饥来吃饭倦来眠[②]，诗旨[③]曰：眼前景致口头语。盖极高寓于极平[④]，至难出于至易，有意者反远[⑤]，无心者自近也。

【注释】 ①禅宗：佛教的派别之一。相传如来以心印付嘱迦叶为禅宗初祖，二十八传到达摩，来中国，为东土初祖。后分南北宗，其下又有支派。在此泛指僧人。②"饥来"句：《传灯录》：慧海禅师曰："我修道只是饥来吃饭，困来即眠。"其后王阳明等人皆引用此语。③诗旨：论说诗作的意旨妙趣。颇类书名，待考。④"盖极"二句：言修道悟禅至高事也，寓于吃饭睡觉极平常之事；眼前景致诉诸笔墨极难，而以日常口头语言出之，当确属至难出于至易。⑤"有意"二句：极言顺乎自然，即近真实。

【译文】 禅宗僧人常说："饥来吃饭倦来眠。"《诗旨》说："眼前景致口头语。"这些都是说修道参禅本来是高妙之事，却寓于吃饭睡觉极其平常之事当中，眼前景致诉之于笔墨极难，而以日常口头语言出之，当确属至难出于至易，有意之人反而离得远，无心之人顺乎自然，却接近真实。

九〇

水流而境无声，得处喧见寂[①]之趣；山高而云不碍[②]，悟出有入无之机[③]。

【注释】 ①处喧见寂：居身喧杂心静则万籁俱寂。王籍诗句"鸟鸣山更幽"深得其中真趣。②"山高"句：写云绕山巅。因云出入自如、聚散随意，故山虽高亦无所碍。③"悟出"句：领悟到出有入无的机用。出有入无，佛教认为一切皆空，无我无常，所谓"本来无一物，何处惹尘埃"（《六祖坛经》），有则与空、无相对。真能出有入无乃识机知趣之了悟。

【译文】 水在流动，但所到之处不发出声音，使我们体会到生活在喧闹的环境中心静则耳边清净的趣味；云绕山巅，山虽高也无所妨碍，使我们能领悟得到出有入无的机用。

九一

衮冕行中[①]，着一藜杖的山人[②]，便增一段高风；渔樵路[③]上，着一衮衣的朝士[④]，转添许多俗气。固知浓不胜淡，俗不如雅也。

【注释】 ①衮冕：衮服冕冠是高位高官的礼服礼帽。行中：行列里，队伍里。②着：附着、附上。藜杖：用藜的老茎做成的手杖。此句则言安放一位山野隐逸老者。③路：行当、派别。④朝士：朝廷官吏。

【译文】 如果在一群戴着官帽穿着官服的官员行列中，站立一位山野隐逸老者，便能增加一些高洁的风度；而如果在一群避世隐居的渔人樵夫当中，夹杂着一位穿着朝衣官服的官员，便增添了许多俗气。因此我们可以知道，浓艳不如淡薄，庸俗比不过高雅啊！

九二

竹篱下，忽闻犬吠鸡鸣[①]，恍似云中世界[②]；芸窗[③]中，雅听蝉吟鸦噪，方知静里乾坤。

【注释】 ①犬吠鸡鸣：陶渊明《桃花源记》写到桃源中“鸡犬相闻”，其《归园田居》诗中又有“犬吠深巷中，鸡鸣桑树颠”的句子，皆写悠闲自适之田园生活的乐趣。②恍：恍惚，仿佛。云中世界：云雾之中的另一世界。③芸窗：书斋。芸香能防止书中所生蠹鱼，书室常贮之，故名。

【译文】 竹篱笆下，忽然传来几声犬吠几声鸡啼，仿佛自己生活在云雾之中的另一个世界；书斋之中，心情悠雅地听着窗外蝉儿吟唱群鸦乱噪，这才知道自己生活在一个安安静静的天地里。

九三

徜徉[①]于山林泉石之间，而尘[②]心渐息；夷犹[③]于诗书图画之内，而俗气潜消。故君子虽不玩物丧志[④]，亦常借境调心[⑤]。

【注释】 ①徜徉：徘徊。②尘：佛教谓色、声、香、味、触、法为六尘。引申为尘世。孔稚圭《北山移文》：“潇洒出尘之想。”③夷犹：从容不迫，言遨游于诗书之间。④玩物丧志：习于所好而丧失本志。《书·旅獒》：“玩人丧德，玩物丧志。”⑤借境调心：借助幽雅的环境来调和本心。

【译文】 在山林泉石之间徘徊，尘世的名利思想会渐渐平息；在诗书图画之内遨游，庸俗的士侩之气会慢慢消融。因此君子虽然不能沉湎于所好而丧失本来的志气，可也该经常借助幽雅的环境来调和自己的心情。

九四

春日气象繁华，令人心神骀荡[①]，不若秋日云白风清、兰芳桂馥[②]、水天一色、上下空明，使人神骨俱清也。

【注释】①骀（dài）荡：舒缓荡漾。②兰芳桂馥：兰花桂花散发着芳香。馥，香。

【译文】尽管春天里的景色是那样的繁荣华美，使人心神舒缓荡漾，然而总不如秋天里的景色来得好，秋日里云儿雪白风儿清爽，兰花桂花散发出阵阵芳香，水色与长天连成一片，天上与地下一片空明，真令人心旷神怡、神骨俱清啊！

九五

一字不识，而有诗意者，得诗家真趣[①]；一偈不参[②]，而有禅味[③]者，悟禅教玄机[④]。

【注释】①趣：旨趣，意旨。《列子·汤问》："曲每奏，钟子期辄穷其趣。"②偈：佛经中的颂词。参：参禅，佛学术语，佛教禅宗的修行方法，即习禅者为求开悟，向各处禅师参学之意，但一般依教坐禅或参话头的，也叫做参禅。③禅味：禅定、静思良虑的旨趣。④"悟禅"句：了悟佛教深奥玄妙的义理。

【译文】虽然一个字也不认得，可是做的诗有诗的意境的人，是得到了诗人的真正旨趣；虽然一句佛经也不参学，然而能得到禅定的旨趣的人，是了悟了佛教深奥玄妙的义理。

九六

机动[①]的，弓影疑为蛇蝎[②]，寝石视为伏虎[③]，此中浑是杀气；念息[④]的，石虎可作海鸥[⑤]，蛙声可当鼓吹[⑥]，触处俱见真机[7]。

【注释】　①机动：机心频动，常生疑虑。②、③见前注。④念息：心念俗欲息灭。⑤“石虎”句：《世说新语·言语》：“佛图澄与诸石(石勒众子孙)游，林公曰：‘澄以石虎为海鸥鸟。”佛图澄，好佛道，永嘉中，至洛阳，以能占见凶吉，逆知祸福，被石勒敬信。石勒死，其从弟石虎诛灭其诸子袭位，诛杀无数，穷奢极欲，然亦以澄为师，让其诸子弟皆与之交游，故支道林遂有此语。《庄子》(佚文)：“海上之人好鸥者，每旦之海上，从鸥游，鸥之至者数百而不止。其父曰：‘吾闻鸥鸟从汝游，取来玩之。’明日之海上，鸥舞而不下。”(此文字后为《列子》辑入。)⑥“蛙声”句：《南史·孔珪传》：“珪风韵清疏，……门庭之内，草莱不翦。中有蛙鸣，或问之曰：‘欲为陈蕃乎?’硅笑答曰：‘我以此当两部鼓吹，何必效蕃。”鼓吹：乐队。⑦触处：所接触之处。真机：真正的机心。

【译文】　机心频动常生疑虑之人，会把酒杯中的弓影怀疑为毒蛇，把倒卧的石头看成是伏虎，在这些人的心中，充满着腾腾杀气；机心安息俗欲寂灭的人，好杀之人也可看成是和平的海鸥，青蛙的叫声也可当作乐队，凡所接触之处，都可见到真正的机心。

九七

身如不系之舟[1]，一任流行坎止[2]；心似既灰之木，何妨刀割香涂[3]。

【注释】　①不系之舟：《庄子·列御寇》：“巧者劳而知者忧，无能者无所求，饱食而敖游，泛若不系之舟。虚而敖游者也。”谓随波逐流而不自止。②坎止：遇到艰险而停止不前。③刀割香涂：言刀割亦不感痛，涂抹香料亦不觉欣喜。

【译文】　人生活在世界上，身体就像那随着水波飘流的小船，随着水流的流动而行驶，也随着坎岸的出现而停止；思想就像那已经烧成了木炭的木头，刀割不感到疼痛，涂抹香料也不觉得欣喜。

九八

人情，听莺啼则喜，闻蛙鸣则厌；见花则思培之，遇草则欲去之。俱是以形气用事①。若以性天②视之，何者非自鸣其天机③，非自畅其生气也④？

【注释】 ①“俱是”句：都是以外在的形体气质去区分辨别事物的善恶美丑，俱是，一本作“但是”。②性天：即天性，事物的自然本性。③天机：上天赋予他的机能。④“非自”句：不是自己舒畅地发展生动活泼的气息。生气，一本作“生意”。

【译文】 人之常情是：听到莺鸟啼唱心中就喜欢，听到蛙类鸣叫就感到厌烦；见到花儿就想栽培它，见到野草就想除掉它。这些都是以外在的形体气质去区分辨别事物的善恶美丑。但假如用事物的自然本性去看待它们，什么动物不是用上天赋予它的机能来鸣叫的？什么植物不是自己舒畅地发展生动活泼的气息的？

九九

发落齿疏①，任幻形②之凋谢；鸟吟花笑，识自性之真如③。

【注释】 ①疏：稀。全句言人已衰老。②幻形：人体自身亦如其他事物在不断变化，是为人体的代称。③自性：自身的本性。真如：语出《金刚经》，真者真实之义，如者如常之义，诸法之体性离虚妄而真实，故云真。常住而不变不改，故云如。《唯识论》二曰：“真谓真实，里外虚妄；如谓如常，表无变易，谓此真实于一切法，常如其性，故曰真如。”

【译文】 头发逐渐脱落、牙齿逐渐稀疏，随便它吧，让人体随着岁月的流逝不断地发生着变化；鸟儿在树林中吟唱，花儿在草丛中欢笑，耳濡目染，使我们认识到自身的本性实在只是宇宙间存在着的一个真实如常的本体。

一〇〇

欲其中[①]者，波沸寒潭[②]，山林不见其寂；虚其中[③]者，凉生酷暑[④]，朝市[⑤]不知其喧。

【注释】 ①欲其中：言欲念存留心中。②波沸寒潭：欲念炽烈，欲波可使寒潭之水为之沸。③虚：空虚，喻空明的心境。《庄子·人间世》："唯道集虚，虚者，心斋也。"意为，只要你到达空明的心境，道理自然与你相合。虚（空明的心境），就是心斋。④"凉生"句：言酷暑可以生发凉意。⑤朝（zhāo）市：早晨的集市。《周礼·地官·司市》："朝市，朝时而市，商贾为主。"

【译文】 世俗之念留存心中，好比是寒冷的潭水中有沸腾的波浪，即使隐居在山林之中也见不到山林的清寂；保持一片空明的心境，好比是炎热的酷暑之中有习习凉风拂面而来，即使身处早晨的集市之中也听不到喧闹的声音。

一〇一

读《易》[①]晓窗，丹砂研松间之露[②]；谈经午案[③]，宝磬宣竹下之风[④]。

【注释】 ①《易》：亦称《周易》、《易经》。儒家重要经典之一。因其书内容有变易（穷究事物变化）、简易（执简驭繁）、不易（永恒不变）三义，故名易；相传为周人所作，故名《周易》（一说周有周密、周遍义）。内容包括《经》、《传》两部分。《经》主要用作占卜，《传》则在解释卦辞。其推测自然和社会的变化富有朴素辩证法观点。②"丹砂"句：用松树上的露水来研朱砂。古人读书常用笔点、批：故研朱砂。唐高骈《步虚词》："洞门深锁碧窗寒，滴露研朱点《周易》。"③经：佛经。谈经午案：午间于经文案几之上纵谈禅理。④磬：寺院中之乐器，一般于法事时敲击。宝磬宣竹下之风：在幽静的竹林中磬声随着清风不时传出，写恬淡幽适闲的生活情趣。

【译文】 早晨在窗下研读《易经》，用松树上的露水来研磨批点书本的朱砂；午间在餐桌上谈论佛经，幽静的竹林中磬声随着清风不时传出。

一〇二

花居盆内，终乏生机[①]；鸟入笼中，便减天趣[②]。不若山间花鸟，错杂成文[③]，翱翔自若，自是悠然会心[④]。

【注释】 ①生机：生活力，活力。②天趣：自然的情趣。③错杂成文：言百花异彩，交错而成斑斓花纹。错杂，一本作“错集”。④悠然：闲适的样子。会心：情与事合，至感美妙欢愉。

【译文】 花儿种在花盆之内，终究缺乏了一些该有的活力；鸟儿关入鸟笼之中，终究缺乏了一些自然的情趣。不如山间的花儿是百花异彩，交错而成斑斓花纹，山间的鸟儿是百鸟齐鸣，在天空中自由翱翔。其本性与自然条件相合，生机勃勃，悠闲自得，自然是非常美妙欢愉的了。

一〇三

自老视少，可以消奔驰角逐[①]之心；自瘁[②]视荣，可以绝纷华靡丽[③]之念。

【注释】 ①奔驰角逐：言为功名利禄而相互竞进，追逐角力。②瘁：毁坏。③纷华：繁华、富丽、荣耀。靡丽：奢华。

【译文】 当你年轻力壮之时，如果能看到那些年长之人饱经风霜的坎坷经历，可以消除为功名利禄相互竞进、追逐角力的心思；当你进入仕途生活之时，如果能看到荣华富贵过去之后的那种衰败景象，可以断绝追求荣华富贵生活的念头。

一〇四

热闹[①]中着一冷眼，便省许多苦心思；冷落处存一热心，便得许多真趣味。

【注释】 ①热闹：同“热恼”，焦灼苦恼之意。

【译文】 当你处于焦灼苦恼之中的时候，如果能清醒一下自己的头脑，便能省去许多苦恼的心思；当你受到冷淡的待遇的时候，如果能保持一副火热的心肠，便能得到许多真正的生活乐趣。

一〇五

帘栊[①]高敞，看青山绿水吞吐云烟[②]，识乾坤之自在[③]；竹树扶疏[④]，任乳燕鸣鸠送迎时序[⑤]，知物我之两忘[⑥]。

【注释】 ①帘：用布、竹、苇等做成的遮蔽门窗的用具。栊：窗上棂木。②云烟：云气和烟雾，常指极高的地方。谢灵运《入华子冈是麻源第三谷》诗：“遂登群峰首，邈若升云烟。”③自在：安闲舒适。杜甫《江畔独步寻花》诗：“留连戏蝶时时舞，自在娇莺恰恰啼。”④扶疏：犹婆娑，形容舞动的姿态。《淮南子·修务训》：“援丰条，舞扶疏。”⑤时序：时间的先后，季节的次序。⑥物我之两忘：言物及我两者并皆忘却。古代人们称自身为我，除我之外的一切客观事物皆称物。《庄子·齐物论》：“今者吾丧我。”晋郭象注：“吾丧我，我自忘矣，我自忘矣，天下有何物足识哉？”

【译文】 站在高敞的窗口，看看那青山绿水在吞吐云气和烟雾，使我认识到了什么是天地间的安闲与舒适；竹子与树枝管自己在清风中舞动，听凭那燕子与鸠鸟站在上面唱着歌迎送那春夏秋冬，这使我知道了物与我两者皆可互相忘却。

一〇六

古德[①]云：“竹影扫阶尘不动，月轮穿沼水无痕[②]。”吾儒云：“水流任急境常静，花落虽频意自闲[③]。”人常持此意，以应事接物，身心何等自在。

【注释】 ①古德：古来之有德者。下二句具体作者待考。北宋僧人云峰志璇传中所引偈语相类。②“竹影”二句：言风吹竹、竹影动颇类扫阶，然实非扫，尘自不动；月照沼，类穿水而实未穿，水自无痕。③吾儒：此指邵雍，见前注。此二句诗言水流虽然很急，然而一般情况下水的表面还是平静的，花儿掉落频繁，然而意思自然显得闲雅。所引诗句见《伊川击壤集·天津感事》二十六首之十五：“水流任急境（一作景）常静，花落虽频意自闲。不似世人忙里老，生平未始得开颜。”

【译文】 古代有德之人说：“竹影扫阶尘不动，月轮穿沼水无痕。”我们儒家先人也说：“水流任急境常静，花落虽频意自闲。”人们如能经常以这种听其自然的态度来待人接物，处理世事，那么身心就会显得非常自在。

一〇七

林间松韵[①]，石上泉声，静里听来，识天地自然鸣佩[②]；草际烟光，水心云影，闲中观去，见乾坤最上文章。

【注释】 ①松韵：松籁、松涛。②鸣佩：古代显贵腰间每佩带金玉佩饰物，行走互触发声，故名鸣佩。

【译文】 树林之间的松涛，山间石上的水声，安静之时听来，能使人感觉到这就是大自然所发出的最为美妙的声音；草地上面的烟雾之光，湖水当中的白云之影，悠闲之时看来，能使人见到天地之中最为上等的文章。

一〇八

峨冠大带[①]之士，一旦睹轻蓑小笠飘飘然逸[②]也，未必不动其咨嗟[③]；长筵广席之豪，一旦遇疏帘净几悠悠焉静也，未必不增其绻恋。人奈何驱以火牛[④]，诱以风马[⑤]，而不思自适其性哉[⑥]。

【注释】 ①峨冠大带：高官高位者所穿着的礼服礼帽。②逸：安闲自适。③咨嗟：叹息、赞叹。④火牛：《史记·田单传》载：战国时，燕伐齐，齐将田单固守即墨。收城中牛千余，披以彩衣，角系利器，灌脂束苇于尾。又凿城数十穴，夜燃牛尾脂苇，牛惊怒而狂冲燕军，壮士五千人随其后，牛所触敌尽死伤，燕军大败。后代亦有沿用此阵法者。

⑤风马：《左传·僖公四年》：“（齐侯）遂伐楚，楚子使与师言曰：‘君处北海，寡人处南海，唯是风马牛不相及也，不虞君之涉吾地也。何故？”牛马牝牡相诱而相逐谓之风。⑥适：顺合。

【译文】 占据高位担任高官之人，一旦看到平民百姓穿着蓑衣戴着笠帽安闲飘逸的样子，未尝不叹息称赞；生活豪华排场阔绰之人，一旦看到粗布的窗帘明净的案几极其悠雅安静的环境，未尝不增加他对这种生活的向往。人们为什么总是像牛尾上系着一把火而不得不往前冲；又总是要像牛马发情那样定要受其引诱而不能自止，为什么偏偏不想想怎样能自己顺合自己的性格呢？

一〇九

鱼得水逝而相忘乎水[①]；鸟乘风飞而不知有风。识此可以超物累[②]，可以乐天机[③]。

【注释】 ①“鱼得”句：《庄子·大宗师》：“孔子曰：‘鱼相造（去、到）乎水；人相造乎道。相造乎水者，穿池而养给；相造乎道者，无事而生定。故曰：鱼相忘乎江湖，人相忘乎道术。’”除言鱼必有水方可游走，而至池则可赖养给，至江湖天地更大，则忘其得逝之水矣。逝：往、去。《论语·子罕》：“子在川上曰：逝者如斯夫！”②超物累：超越外界事物加诸自身之牵累。③乐天机：在大自然造化的奥秘中取得快乐。

【译文】 鱼儿只有放在水中才能游动，可是鱼儿在游动时经常忘掉了水的存在；鸟儿凭风力才能飞翔，可是鸟儿在飞翔时并不知道有风的存在。人认识到了这一点，就可以超越外界事物加之于自身的牵累，可以在大自然造化的奥秘之中取得无穷的快乐。

一一〇

才就筏便思舍筏[①]，方是无事道人；若骑驴又复觅驴[②]，终为不了禅师[③]。

【注释】 ①“才就”句：佛之教法如筏，渡河既了，则筏当合，到涅槃之岸，则正法尚当舍，因之一切所说之法，名为筏喻之法。示不可执着于法也。《五大品阿梨吒经》：“山水甚深，无有船桥，有人欲从此到彼岸，结筏乘之而渡，至岸讫，作此念：‘此筏益我，不可舍此，当担戴去，于意云何？为筏有何益？’比丘曰：‘无益。’佛言：‘彼人更以此筏还水中，或与岸边舍去云何？’比丘曰：‘有益。’佛言：‘如是，我为汝等长夜说筏喻法，欲使弃舍，不欲使受，若汝等知我长夜说筏喻法尚可以舍是法，况非法耶？’”②“若骑”句：喻忘其本有而到处寻觅。《景德传灯录·道希禅师》：“问：‘如何是正真道？’师曰：‘骑驴觅驴。’”同书《神会大师》：“本无今有有何物，本有今无无何物，诵经不见有无义，真是骑驴更觅驴。”③不了禅师：云虽为禅师，仍属未曾了悟者。

【译文】 刚刚登上竹筏，便想看如何离开这竹筏登上彼岸，这样才能成为不受世事牵累的真正入道之人；如果已经骑上了驴子却还在到处寻找这头驴子，虽然身为禅师然而终究只是一个未曾了悟的禅师。

一一一

羁锁于物欲，觉吾生之可哀；夷犹于性真[①]，觉吾生之可乐。知其可哀，则尘情立破；知其可乐，则圣境自臻[②]。

【注释】 ①夷犹：从容不迫。性真：佛教称人的本性。②臻：到达。

【译文】 在我受到外界条件及人生欲望的羁绊拘束之时，我感觉到我的一生多么值得悲伤；然而当我由着我的本性自由自在、从容不迫地行动之时，我又感觉到我的一生是十分愉悦快乐的。明白了之所以悲伤的原因，那么这种世尘情网立即可以打破，知道了之所以欢乐的原因，那么这个神圣的境界自然会即刻到来。

一一二

胸中既无半点物欲，已如雪消炉焰冰消日；眼前自有一段空明[1]，时见月在青天影在波。

【注释】 ①空明：通明透彻。苏东坡《海市》诗："东方云海空复空，群仙出没空明中。"苏诗指天色。

【译文】 心胸之中已经没有其他的半点欲望，好像那雪花碰到了炉火冰块见到了阳光；眼目之前自然存在着一段通明透彻，好像那青天里的月亮把影子投入水波之中。

一一三

诗思在灞陵桥上[1]，微吟就[2]，林岫便已浩然[3]；野兴在镜湖曲[4]边，独往时，山川自相映发。

【注释】 ①"诗思"句：宋孙光宪《北梦琐言》卷七："唐相国郑綮，虽有诗名，本无廊庙之望，……或曰：'相国近有新诗否？'对曰：'诗思在灞桥风雪中驴子上，此处何以得之？'盖言平生苦心也。"灞桥，即灞陵桥，横跨灞水之上，位于陕西长安东，汉人送客至此桥，折柳赠别。②微：无，没有。③林岫：山林岩穴。浩然：高远开阔的样子。④野兴：超出世尘之外的清兴，指辞官退隐。镜湖曲边：计有功《唐诗纪事》："（贺）知章年八十六，卧病，冥然无知，疾损上表，乞为道士还乡，明皇许之，……赐鉴湖剡川一曲。"鉴湖，宋代改镜湖名鉴湖。

【译文】 最易引发诗兴的地点是在灞陵桥上，往往诗还没有吟成，眼前的山林岩穴便已显得高远开阔；辞官后最好的隐居地点是在镜湖曲边，一个人去游览之时，山山水水互相映发显得多么美丽。

一一四

伏久者飞必高，开先者谢独早。知此可以免蹭蹬之忧[1]，可以消躁急之念。

【注释】 ①蹭蹬（cèng dèng）：诗文中常用以喻人之困顿失意，谓失意时久当有大得意时。

【译文】 经过长久隐伏的鸟儿一飞定可冲天，先行开放的花儿必然提前凋谢。知道了这一道理，人们可以免除因为暂时的困顿失意而产生的忧愁，也可以消除因为希望早日成功而产生的烦躁急切的念头。

一一五

树木至归根[①]，而后知华萼枝叶之徒荣；人事至盖棺[②]，而后知子女玉帛之无益。

【注释】 ①归根：言秋日树木之叶尽脱，飘落根际。②盖棺：人死后行殓装入棺木，俗谓盖棺定论。

【译文】 树木到了秋日叶子尽落、飘至树根之际，才知道春夏之时开花生叶一切都是空空的繁荣；人生到了死亡后行殓装棺、入土埋葬之时，才知道生前的生儿育女、积聚财富都没有益处。

一一六

饱谙[①]世味，一任覆雨翻云[②]，总慵开眼[③]；会[④]尽人情，随教呼牛唤马[⑤]，只是点头。

【注释】 ①饱谙：尝尽、熟知。②一任：听任、听凭。覆雨翻云：唐杜甫《贫交行》诗；"翻手作云覆手雨，纷纷轻薄何须数。君不见管鲍贫时交，此道今人弃如土。"③慵：懒。言因熟知世态，世人轻薄相已在意中，不足为怪，故不值得开眼一看。④会：领悟、理解。⑤"随教"二句：《庄子·天道》"夫巧知神圣之人，吾自以为脱焉。昔者子呼我牛也，而谓之牛；呼我马也，而谓之马。"注称：有实故不以毁誉经心。亦合佛教容忍、退让之教义。

【译文】 尝尽了人世间的各种滋味，任凭他翻手为云覆手为雨，我总是懒得睁眼相看；领悟尽了人与人之间的各种关系，随便别人称我是马是牛，我只是点头称是。

一一七

今人专求无念[①]而念终不可无。只是前念不滞[②]，后念不迎[3]，但将现在的随缘打发得去[4]，自然渐渐入先。

【注释】 ①无念：佛教禅宗认为无念即无妄念，众生只要做到无妄念，即达佛境，即入佛地。②前念：佛教认为心法相续，竖分析至极处谓之一念。念之过去者为前念，后来者为后念。滞：停留。③迎：接。④随缘：佛教认为外界事物皆自体感触，谓之缘。应其缘而动作，称随缘。打发：遣之而使离去。

【译文】 现代的人修行时一心希望头脑中没有妄念，其实要头脑中完全没有妄念那是不可能的。只要将头脑中以前已有的妄念朝前打发过去不要让它在头脑中继续停留，而以后新的妄念不要再接上来；对于外界事物而产生的自体感触则遣之而使离去，那么自然会渐渐地进入没有妄念的境界了。

一一八

意所偶会，便成佳境。物出天然，才见真机。若加一分调停[1]布置，趣味便减矣。白氏云："意随无事适，风逐自然清。"[2]有味哉！其言之也。

【注释】 ①调停：照料，安排。②白氏：唐代诗人白居易，字乐天，号香山居士，此诗句出处待查。

【译文】 意念与外界景物相符合，便成了一个极好的境界。就像那世上万物只有出自天然，才能显现大自然的机巧。如果加上一分一毫的安排布置，趣味便会减少许多。白居易说："意随无事适，风逐自然清。"这句话说得真是有味啊！

一一九

金自矿出，玉从石生，非幻无以求真；道得酒中[1]，仙遇花里，虽雅不能离俗。

【注释】 ①道：一定的人生观、世界观，政治主张或思想体系。《论语·公冶长》："道不行，乘桴浮于海。"又《卫灵公》："道不同，不相为谋。"

【译文】　金子是从矿石中提炼出来的，白玉是从玉石中解剖出来的，不透过掩盖在它们表面的那层保护物无法找到真正的宝物；对于人生的看法是从喝酒当中得到的，神仙是在花儿中间遇到的，即使是最最高雅的思想也是从世俗社会中产生的。

一二〇

神酣①，布被窝中得天地冲和之气②；味足，藜羹③饭后识人生淡泊之真。

【注释】　①神酣：精神充实酣畅。②布被窝：粗下之卧具，平常用品。冲和之气：《列子·天瑞》："一者，形变之始也。清轻者上为天，浊重者下为地，冲和气者为人。"冲即中字。《文子·上德篇》："万物负阴而抱阳，冲气以为和，和居中央。"冲和之气即指天地间中正清和之元气。③藜羹：野菜汤。

【译文】　精神饱满充实，即使是睡在粗布的被窝之中也能够得到天地之间中正清和的元气；滋味充足丰富，即使是吃了野菜做的饭食之后，也能够认识到人生只有恬淡寡欲才是真正的乐趣。

一二一

斗室中万虑都捐①，说甚画栋飞云、珠帘卷雨②；三杯后一真自得③，唯知素琴横月、短笛吟风。

【注释】　①斗室：极小的居室。万虑：所有的念想。捐：抛弃。②"说甚"句：唐王勃《滕王阁》诗为："滕王高阁临江渚，佩玉鸣鸾罢歌舞。画栋朝飞南浦云，朱帘暮卷西山雨。闲云潭影日悠悠，物换星移几度秋。阁中帝子今何在？槛外长江空自流。"取义于此。③三杯：指酒。唐李白《月下独酌》："三杯通大道，一斗合自然。"一真：佛教认为一者无二，以平等不二之故谓之一，离虚妄谓之真。故一真为绝对之真理。自得：自适，自有所得。

【译文】　身居斗室之中，所有的念想统统放弃，说什么雕画的栋梁、飞来的云彩、珠织的帘子、卷起的雨珠；独自喝酒，三杯之后自然能够离开虚妄，只知道素白的琴横陈月下，短短的笛子风中独奏。

一二二

万籁寂寥中，忽闻一鸟弄声①，便唤起许多幽趣；万卉摧剥后②，忽见一枝擢秀③，便触动无限生机。可见性天未常枯槁，机神④最宜触发。

【注释】 ①“忽闻”句：《南史·王籍传》：“（籍）至若邪溪赋诗云：‘蝉噪林逾静，鸟鸣山更幽。’”盖取此义。②万卉：各类草木。摧剥，犹摧残。宋王安石《丙申八月作》：“秋风摧剥利如刀，漠漠昏烟玩日高。”③擢秀：草木欣欣向荣。④机神：指灵感。机，机巧、机心。神，不测的变化。

【译文】 各种声音都已没有，一片寂静之中忽然听见一声鸟儿的啼唱，便唤起人们对于各种声音的丰富联想，产生许多幽闲的情趣；各类草木摧残之后，万物凋零之中忽然见到一根树枝已绽出新芽，便使人想起春日已经到来万物都该复苏，将要一片欣欣向荣的景象了。由此可见，人的天性未曾像草木那样枯槁，灵感是最最容易触发的。

一二三

白氏云：“不如放身心，冥然任大造。”①晁氏云：“不如收身心，凝然归寂定。”②放者流为猖狂，收者入于枯寂。唯善操身心③的，把柄在手，收放自如。

【注释】 ①白氏：指唐代诗人白居易，所引诗句见《白氏长庆集·憾伤二》。冥然：暗昧不明的样子。任大造：听任大自然的安排。②晁氏：晁补之，字无咎。宋济州巨野（今山东巨野）人。为苏轼称道，因仰慕陶渊明，修归去来园。下所引句待考。凝然：精神集中的样子。寂定：佛教认为脱离妄心妄想叫寂定。③操身心：操持把握自身心性。

【译文】 白居易说：“做人不如放松身体和思想，自己不作主张，一切听从大自然的安排。”晁补之则说：“不如收拢身体和思想，精神集中脱离那妄心和妄想而归于寂定。”主张放松人的形体与思想的人，容易流为纵恣迷妄、猖狂自大；主张收拢形体与思想的人，容易造成枯干萎缩、僵化寂寞。只有那些善于操持把握自身心性的人，能够自己掌握自己，收拢放松自如，这才是最好的。

一二四

当雪夜月天，心境便尔澄彻[①]；遇春风和气，意界亦自冲融[②]。造化[③]人心，混合无间[④]。

【注释】 ①便尔：就。尔，表必然之词。头两句言白雪皑皑、月光皎洁之际，心境自然就澄清透彻。②意界：与上“心境”对言，义近。冲融：谦和、圆融。杜甫《往在》诗：“端拱纳谏诤，和气日冲融。”③造化：在此为动词，创造化育。④无间：没有距离、间隔，混为一体。

【译文】 当那白雪皑皑、月光皎洁之际，人的心境也就澄清透彻、杂念全消；当那春风拂面、阳光普照之时，人的心境也能变得谦和圆融、彬彬有礼。由此可见，美好的自然风光，能陶冶化育人的心境，使人与人之间没有距离和间隔，混为一体。

一二五

文以拙[①]进，道以拙成。一“拙”字有无限意味。如桃源犬吠、桑间鸡鸣[②]，何等淳庞[③]。至于寒潭之月，古木之鸦[④]，工巧中便觉有衰飒[⑤]气象矣。

【注释】 ①拙：粗劣，笨拙。与巧相对。《老子》十五章：“大巧若拙。”②“桃源”二句：参见晋陶渊明著《桃花源记》，内有“阡陌交通，鸡犬相闻”。诗有“桑竹重余荫，鸡犬互鸣吠”等句。③淳庞：淳厚、朴实。《淮南子·氾论》：“古者，人淳，工庞，商朴，女重。”④寒潭之月：梁虞骞《视月》诗：“冷冷玉潭水，映见蛾眉月。”古木之鸦：元马致远散曲《天净沙·秋思》：“枯藤老树昏鸦，小桥流水人家，古道西风瘦马。夕阳西下，断肠人在天涯。”⑤衰飒：枯萎、衰落。

【译文】　学文之人因为肯下笨功夫能够获得进步，学道之人也因为肯下笨功夫能够获得成功。“笨拙”这个词里包含着无限的意思和趣味，比如陶渊明笔下的桃源犬吠、桑间鸡鸣，显得何等淳厚朴实，至于梁骞笔下的寒潭月影，马致远笔下的老树昏鸦，虽然显得工巧，然而工巧之中总使人感到有一番枯萎、衰落的气象。

一二六

理寂则事寂[①]，遣事执理者[②]，似去影留形。心空则境空[③]，去境存心者，如聚膻却蚋[④]。

【注释】　①理：佛教术语，事之对也，指平等之方面，于表面难认识的本体有一定不变之理存，如不见木石为柘，观为因缘所生法也。《四教仪》曰：“良以如来依理而立言，遂令群生修行而证理，故佛圣教出世法。”简言之，理是事物的本体与本性，与之相对，事则为事物的现象。寂，即灭。②遣：使之离去，排遣。执：执着、坚持。③“心空”句：佛教认为心即心性，亦即认识活动，而境则是认识的对象。空，佛教指超乎色相现实的境界为空。④膻：羊臊气。却蚋（ruì）：使虫子退去。蚋，性嗜牛羊腥臊血液的蚊蝇类小虫。

【译文】　如果理灭了的话，那么事也就灭了，有人却要让事离去而坚持理，那就好像要使影子离去而却又要将形体保留一样。如果心空了的话，那么境也就空了，有人却去掉境而保存心，那就好像是聚集了一堆腥臊之物却要使那些嗜腥小虫退去一样。

一二七

幽人[①]清事，总在自适。故酒以不劝为欢，棋以不争为胜，笛以无腔[②]为适，琴以无弦为高[③]，会以不期约为真率，客以不迎送为坦夷[④]。若一牵文泥迹[⑤]，便落尘世苦海矣。

【注释】　①幽人：隐士。②腔：调门。③“琴以”句：晋陶渊明常抚无弦琴以寄意。见前注。④坦夷：平担宽广。言闲适平易，不拘虚礼。⑤牵文泥迹：为条文制度所牵制，被事物的外象所拘泥。

【译文】 隐士高洁的行为，总是以自在舒适为最好，因此饮酒以不劝为快活，下棋以不争为乐事，吹笛以没有调门为合适，弹琴以没有琴弦为高明，相会以不预先约定为真率，待客以不迎不送为常规。如果一旦为条文制度所牵制，便落入尘世的苦海了。

一二八

遇病而后思强之为宝，处乱而后思平之为福，非蚤智[①]也。幸福[②]而先知其为祸之本，贪[③]生而先知其为死之因，其卓见乎。

【注释】 ①蚤智：先见之明，蚤，同“早”。②幸：希冀。③贪：贪恋，舍不得。

【译文】 等到得病之后才想到身体强壮的宝贵，处于动乱之中才感觉到生活在平静之中的幸福，然而这些都不是先见之明。希冀获得幸福但是知道沉湎于幸福之中乃是灾祸的起因，贪恋生命但是知道生命总有一天要结束的，这些才是真正的远见卓识，称得上是先见之明啊。

一二九

风花之潇洒，雪月之空清，唯静者为之主[①]；水木之荣枯[②]，竹石之消长[③]，独闲者操其权[④]。

【注释】 ①“唯静”句：言只有心静者可为风花潇洒、雪月空清之主宰。②“水木”句：树木之荣茂与枯萎，水的流荡与干涸。③“竹石”句：竹林之滋繁与减退。水盈石没与水落石出。④权：秤锤。操权，即权衡，言惟闲适者与大自然融为一体，于山水竹木之细微变化亦能详察无遗，故称操权。

【译文】 风儿的吹动与停止，花儿的美丽与潇洒，大雪的飘落与停息，月亮的清明与皎洁，只有那心平气和之人才会欣赏，才能成为它们的主人；树木的荣茂与枯萎，河水的流荡与干涸，竹林的滋繁与减退，怪石的突出与隐没，只有那闲适之人才能详察无遗。

一三〇

田父野叟，语以黄鸡白酒，则欣然喜，问以鼎食[①]则不知；语以缊袍裋褐[②]，则油然乐，问以衮服[③]则不识。其天全[④]，故其欲淡。此是人生第一个境界。

【注释】 ①鼎食：列鼎而食，喻富贵官宦人家的豪侈生活。《孔子家语·致思》：“从车百年，积粟万钟，累茵而坐，列鼎而食。”②“语以”句：语以，与之谈论。缊袍裋（shù）褐：用乱麻衬于其中的袍子称缊袍，粗陋衣服称裋褐。③衮服：古代帝王公侯的礼服。④天全：保全着田野村间农夫朴素的自然的天性。

【译文】 对于农村乡间的父老，你若和他们谈论黄鸡白酒，他们满脸都是喜悦之色，可是和他们谈论富贵官宦人家列鼎而食的豪侈生活，他们却全然不知；若和他们谈论麻袍粗衣，它们感到自然而且快活，但是和他们谈论古代帝王公侯的礼服，他们却全然不识。这是因为他们保全着田野村间农夫们朴素的自然的天性，因此他们的欲望是平淡的，这是人生第一重要的精神境界。

一三一

心无其心[①]，何有于观[②]？释氏[③]曰观心者，重增其障[④]。物本一物，何待于齐[⑤]，庄生曰齐物者，自剖其同[⑥]。

【注释】 ①“心无”句：佛教指解脱妄念的真心为无心。《宗镜录》：“所为无心，何者若有心则不安，无心则自乐。故先德偈云：‘莫与心为伴，无心心自安，若将心作伴，动即被心谩。’”②“何有”句：佛教以心为万法的主体，无一事在心外，故观察心性即能究明一切事（现象）理（本体）。《十不二门指要抄》上：“盖一切教行，皆以观心为要。”此承前文言心既已无，更何谈观心。③释：佛名释迦牟尼，故以释代称佛门。④障：佛教称烦恼为障。⑤“物本”二句：言客观事物从宏观上看本属一个整体。既然是一个物体，自然不需要什么“齐”了。⑥“自剖”句：言庄周提出齐是非、齐彼此、齐物我、齐夭寿等的本身即自己将本来混一的客观事物分剖开来了。

【译文】 既然没有什么“心”，还谈什么“观”呢？佛门中人提出“观心”一事，实际上是在人的思想中新增加了一种烦恼。世界上所有的客观事物从宏观上看本属一个整体，既然是一个物体，自然不需要什么“齐”，因此庄子提出的所谓“齐物”，实际上是自己将本来混一的客观事物分剖开了。

一三二

笙歌正浓处，便自拂衣长往，羡达人[1]撒手悬崖；更漏[2]已残时，犹然夜行不休，笑俗士沉身苦海。

【注释】 ①达人：旷逸豁达之士。撒手悬崖：谓至关键时刻能忽然觉悟，猛然回首。②更漏：古时刻度滴漏计时，更，夜间计时名称，一般约计三更夜中，五更黎明。

【译文】 当笙乐歌舞正在热闹之时，便自己起身拂衣而去——真是羡慕啊，明达之士在临近悬崖的关键时刻能猛然省悟决然回首。在漫漫长夜临近结束之时，夜行者还在那里快步行走不肯停下，真是可笑啊——世俗之士沉身苦海日夜劳累永远不会觉悟。

一三三

山居胸次清洒[1]，触物皆有佳思：见孤云野鹤，而起超绝之想；遇石涧流泉，而动澡雪[2]之思；抚老桧寒梅，而劲节挺立；侣沙鸥麋鹿[3]，而机心[4]顿忘。若一走入尘寰，无论物[5]不相关，即此身亦属赘旒[6]矣。

【注释】 ①清洒：清爽洒脱。②澡雪：洗涤使之洁净。《庄子·知北游》：“澡雪而精神。”③侣沙鸥麋鹿：以沙鸥麋鹿为侣伴。④机心：机巧变诈之心。⑤无论：别说。物：与下句“身”相对，指客观事物。

⑥赘旒（liú）：喻虚居其位无实际作用的多余的东西。旒，古代旗上下垂的饰物。

【译文】 隐居在山林岩穴之中，人的胸襟变得清爽洒脱，凡是所能接触到的一切物品都能引起美好的联想：比如看见孤云和野鹤，那就产生出超凡绝俗的想法；遇到山石之间流动的泉水，便起了洗洗身子使之洁净的想法，抚摸着古老的桧树和寒天开放的腊梅，想起做人就该有如此的节操与品格；与沙鸥麋鹿为伴，机巧变诈之心顿时消失。而如果一走进人世尘寰，不要说看到一切客观事物不会产生诸如上述的联想，就是自己的身子也已属于多余的了。

一三四

兴逐[①]时来，芳草中撒履[②]闲行，野鸟忘机时作伴；景与心会，落花下披襟兀坐[③]，白云无语漫[④]相留。

【注释】 ①逐：追，随。②撒履：脱掉鞋子。③兀（wù）坐：独自端坐。④漫：随意，不受拘束。

【译文】 兴致到来的时候，脱掉了鞋子在芳香的草地上悠闲地行走，野生的鸟儿忘掉了警惕之心时时前来与我相伴；风景与心儿投合，就在那落花之下敞开衣襟独自端坐，白云无声无息、无拘无束地停留在我的身边。

一三五

机息[①]时，便有月到风来[②]，不必苦海人世[③]；心远处，自无车尘马迹，何须痼疾丘山[④]？

【注释】 ①机息：机心息灭。②“便有”句：邵雍《伊川击壤集》卷十二《清夜吟》：“月到天心处，风来水面时。一般清意味，料得少人知。”③“不必”句：言不要以为人世间一定是苦海。④“何须”句：意即何必一定要想着到丘山去隐居？痼疾：久治不愈的病，久病。

【译文】 机心息灭的时候，便有月亮显现清风徐来，不要以为人世间定是那无边的苦海；只要心儿离尘世远，门前自然会没有了车马的踪迹，何必苦苦想着一定要到山上去隐居？

一三六

草木才零落，便露萌颖[1]于根底；时序[2]虽凝寒，终回阳气于飞灰[3]。肃杀[4]之中，生生之意常为之主，即此可以见天地之心。

【注释】 ①萌颖：萌发幼芽的细尖。②时序：时间的先后，季节的次序。③飞灰：律管中葭灰飞动。古人以此候节气。《后汉书·律历志》上曰："候气之法，为室三重，户闭，涂衅必周，密布缇缦。室中以木为案，每律各一，内庳外高，从其方位，加律其上，以葭莩灰抑其内端，案历而候之。气至者灰动。其为气所动者其灰散，人及风所动者其灰聚。殿中候，用玉律十二。惟二至乃候灵台，用竹律六十。候日为其历。"④肃杀：严酷萧瑟貌。一般用来形容深秋或冬季草木枯落时的景象。

【译文】 花草树木刚刚凋零的时候，便会在那根部露出一点使人不易觉察的幼芽的细尖；虽然还是那寒冷的冬季，然而律管中葭灰飞动终究会回到那阳光灿烂的春天。在严酷萧瑟当中，新生命的产生总是占据了重要的地位，由此可以使人看得到天地宇宙的本意。

一三七

雨余观山色，景象便觉新妍[1]，夜静听钟声，音响尤为清越[2]。

【注释】 ①新妍：清新美丽。②清越：（乐音）清彻激扬。

【译文】 在下雨之后观看山的颜色，便会感到景象更加清新美丽；在夜静之时聆听钟的声音，便会觉得钟的响声更加清彻激扬。

一三八

登高使人心旷，临流使人意远。读书于雨雪[1]之夜，使人神清；舒啸于丘阜之巅[②]，使人兴迈[③]。

【注释】 ①雨雪：下雪。雨作动词用。《诗·小雅·采薇》："昔我往矣，杨柳依依；今我来思，雨雪霏霏。"②"舒啸"句：在土丘山冈顶上放声长啸。晋陶渊明《归去来兮辞》："登东皋以舒啸，临清流而赋诗。"啸：撮口发出长而清越的声音，魏晋之时在士大夫阶层颇为流行。③兴迈：兴致豪迈超越。

【译文】 登上高山看到那一望无际的大地原野使人感到心旷神怡，面对江河看着那滚滚东去的滔滔水流使人感到志向远大。在下着大雪的夜里读书吟诗，使人觉得神志清爽；在土丘山冈的顶巅撮口长啸，使人顿时兴致豪迈。

一三九

心旷则万钟如瓦缶[①]，心隘则一发似车轮。

【注释】 ①万钟：形容极大的容器。钟，古量器，约当六斛四斗。《孟子·告子上》："万钟则不辩礼义而受之，万钟于我何加焉。"瓦缶：小口大腹的瓦器。《易·坎》王弼注："瓦缶之器，纳此至约（少）"，此言对物质财富多寡的认识，与自身心性的旷隘有关。

【译文】 心胸旷达的人，看待那万斛之钟如同那小小的瓦罐；心胸狭隘的人，看待那小小的头发如同那大大的车轮。

一四〇

无风月花柳，不成造化[①]；无情欲嗜好，不成心体[②]。只以我转[③]物，不以物役[④]我，则嗜欲莫非天机[⑤]，尘情即是理境[⑥]矣。

【注释】 ①造化：大自然。②心体：心的本体。③转：运转，掌握。物：与主观之我相对的客观事物。④役：役使。⑤天机：天的机密，天意。⑥尘情：世俗的欲念。理境：真理的境界。

【译文】 假如没有春风、秋月、红花、绿柳，那么就不成其为大自然；假如没有感情、欲念、嗜好、所爱，那么这个人就没有心的本体。假如只想让自己来掌握一切的客观事物，而不让客观事物来役使我，那么除非这个想法就是上天的意志，除非这个世俗的欲念属于真理的境界。

一四一

人生太闲，则别念窃生[①]；太忙，则真性[②]不现。故士君子不可不抱身心之忧[③]，亦不可不耽风月之趣。

【注释】 ①“人生”二句：《礼记·大学》：“君子必慎其独也，小人闲居为不善，无所不至。”②真性：本性、天性。③身心之忧：关于正心修身方面的忧虑。

【译文】 人的生活假如太为空闲，那么就有别的念头悄悄地滋生出来；但是假如太为忙碌，那么人的天性就不能得到明显的体现。因此士君子不可以没有关于修身正心方面的忧虑，也不可以没有风花雪月方面的情趣。

一四二

人心多从动处失真[①]，若一念不生，澄然静坐，云兴而悠然共逝，雨滴而泠然俱清，鸟啼而欣然有会，花落而潇然自得，何地非真境[②]，何物无真机[③]？

【注释】 ①失真：失去本意或本来面目。②真境：真理的境界。③真机：天然的机趣。

【译文】 人心大多在忙乱的时候失去它的本来面目，但假如一点杂乱的念头也不产生，只是安然静坐，见到白云在天上飘动而心儿也安闲地随着飘移而去，见到雨水滴下心绪也轻妙地与之一样清白，听到鸟儿在树上啼唱则喜形于色心领神会，看那花儿落地心中也感到洒脱自得，那么，什么地方不可以得到真理的境界，什么事物没有天然的机趣？

一四三

子生而母危，镪[①]积而盗窥，何喜非忧也？贫可以节用，病

可以保身，何忧非喜也？故达人当顺逆一视[②]，而欣戚[③]两忘。

【注释】 ①镪：用以贯钱，故引申为钱。②顺逆一视：言忧中有喜，喜中有忧，犹《老子·五十八章》中“祸兮福之所倚，福兮祸之所伏”之意。一视：不分好恶地同等看待。③戚：忧伤。

【译文】 儿子生下来了但是母亲的生命经受了一次危险，钱财积累多了但是有强盗在暗中窥伺，有什么喜事不同时包含着忧伤？贫困可以促使人们节省开支，生病可以促使人们保养身体，有什么忧伤不同时包含着喜悦？因此通达之士应当把祸事和福运一视同仁，并且把高兴和忧伤统统忘掉。

一四四

耳根似飙谷投响[①]，过而不留，则是非俱谢[②]；心境如月池浸色[③]，空而不着，则物我两忘。

【注释】 ①耳根：佛教有六根（眼、耳、鼻、舌、身、意）之说，耳根为其中之一。根，感官机能的意思。飙谷投响：狂风卷过山谷时发出的响声。②谢：衰落。③月池：谢朓诗：“月池皎如练。”映月色之池，虽皎色如练，但浸色则不着。所谓镜花水月，皆虚空不实。故下文称悟此可物我两忘。

【译文】 对于耳朵里听到的所有一切就像狂风卷过了山谷，虽然当时声音极响但是过去之后不留一点，那么所有的是是非非都不会留下任何印象；心境好比是池水当中照射进了月亮之光，虽然皎色如练，但却是空空地不着一点颜色，那么世上万物与我本身两两都可忘掉。

一四五

世人为荣利缠缚，动[①]曰尘世苦海。不知云白山青、川行石立、花迎鸟笑、谷答樵讴[②]，世亦不尘，海亦不苦，彼自尘苦其心[③]尔。

【注释】 ①动：动辄，动不动。②谷答樵讴：樵夫山歌声起，空谷回响若答。③尘苦其心：使心性沾污尘垢，蒙受苦恼。

【译文】 世俗之人的思想被荣誉名利的观念所束缚，动不动就说世界是尘世、大海是苦海，实际上这是因为他没有注意到天上的云彩是白色的，野外的高山是青色的，河水在轻轻流淌，石头在路边竖立，花儿笑着迎人，鸟儿欢快地鸣唱，樵夫山歌声起，空谷回响若答，这个世界不是尘世，这个大海也不是苦海，只是世俗之人自己使自己的心性沾污尘垢，蒙受苦恼罢了。

一四六

花看半开，酒饮微醉[①]，此中大有佳趣。若至烂漫酕醄[②]，便成恶境矣。履盈满者宜思之。

【注释】 ①微醉：一本作“微醺”。义近。②烂漫：花开至盛。酕醄（máo táo）：形容饮酒大醉。

【译文】 看花要看那只开了一半的花，喝酒只可有点微醉，这其中才有极佳的趣味。假如花已开到全盛，喝酒喝成了烂醉，那样反而成了不好的境界了。凡事喜欢做得圆满的人都应该认真思考一下物极必反这个道理。

一四七

山肴不受世间灌溉，野禽不受世间豢养，其味皆香且冽[①]。吾人能不为世法所点染[②]，其臭味不迥然别乎[③]？

【注释】 ①冽：清冽，很强烈的清香味。②世法：世俗常用的习惯常规。点染：玷污。③臭味：气味，指包括香味在内的各种气味。迥然：相距甚远的样子。

【译文】 山肴因为没有受过人的浇灌培养，野禽因为没有受过人的喂食养育，所以它们都具有一股很强烈的清香味道。为人之道也是如此，假如我们能不被世俗习惯常规所束缚，那么情趣意味不是也能远远超过其他人吗？

一四八

栽花种竹，玩鹤观鱼，亦要有段自得处。若徒留连光景[1]，玩弄物华[2]，亦吾儒之口耳[3]、释氏之顽空而已[4]，有何佳趣？

【注释】　①留连光景：为美好的风光景致所吸引而舍不得离开。②物华：美好的景物。杜甫《曲江陪郑南史饮》诗："自知白发非春事，且尽芳尊恋物华。"③口耳：《荀子·劝学》："君子之学也，入乎耳，著乎心……小人之学也，入乎耳，出乎口。"言浅显粗下的学问。④释氏：佛门。顽空：佛教建立后流传过程中宗派纷纭，各派教义亦千差万别，对空的看法亦各异。此处所谓顽空，即指对空的妄念，系指"一切皆空"的看法。

【译文】　栽种花草与毛竹，赏玩鹤鸟与游鱼，也要有一些自己独特的心得与体会。如果只是空空地被美好的风光景致所吸引而舍不得离开，空空地欣赏玩弄而毫无心得体会，那就像儒家中的小人之学——入乎耳、出乎口，以及释氏中对于"空"的非常肤浅粗俗的解释而已，有什么好的趣味？

一四九

山林之士，清苦而逸趣自饶[1]；农野之夫，鄙略[2]而天真浑具。若一失身市井驵侩[3]，不若转死[4]沟壑，神骨犹清。

【注释】　①饶：多。②鄙略：粗陋、质朴。③市井：古代指做买卖的地方，也指商贾。驵侩（zǎng kuài）：牙商的古称。说合牲畜交易的人。多以不正当手段谋利。④转死：转尸，尸体弃置转徙，犹言死无葬身之地。《汉书·高惠高后文功臣表》："生为愍隶，死为转尸。"注引应劭："死不能葬，故尸流转在沟壑之中。"

【译文】　隐居山林的人士，虽然生活清苦但是逸乐的趣味却有许多；农田野外的村夫，虽然粗陋质朴但却具有未受世俗礼法影响的天性。人假如一旦失身成为市场上说合牲口交易的牙商，还不如死了之后丢在山沟里没有葬身之地，精神骨骼还是干净的。

一五〇

非分之福，无故之效，非造物[①]之钓饵，即人世之机阱。此处着眼不高，鲜不堕彼术中矣。

【注释】 ①造物：古时以为万物是天造的，故称天为“造物”。《庄子·大宗师》：“伟哉夫！造物者将以予为此拘拘也。”

【译文】 不是自己分内的福运，没有理由而得的收获，千万不要伸手去要，因为这些假如不是上天引诱人的钓饵，就是人世间敌人布下的陷阱。如果在这些方面站得不高，看得不清，很少有人不落到这个圈套中去的。

一五一

事起则一害生，故天下常以无事为福。读前人诗云：“劝君莫话封侯事，一将功成万骨枯。”[①]又云：“天下常令万事平，匣中不惜千年死。”[②]虽有雄心猛气，不觉化为冰霰矣。

【注释】 ①前人：指晚唐诗人曹松，其《己亥岁诗》云“泽国江山入战图，生民何计乐樵苏。凭君莫话封侯事，一将功成万骨枯。”文字有小异。②“天下”句：引自明俞允文《宝剑篇》诗：“七雄五列虽已矣，报仇报恩心未已。非但飘沦古狱边，亦会提携楚城里。峥嵘磊落世两见，断蛟劫犀窃所耻。天下尝令万事平，匣中不惜千年死。朝驰咸阳暮云中，此间未必皆成功。但看古来功名士，杀身溅血俱英雄。”匣中，即指剑。千年死，寓剑以生命，言宁可老死匣中，亦不愿世上发生战争。

【译文】 天地间只要有一件事情兴起，那就必定会伴随着产生一些祸害。因此天地间经常以没有事情发生为幸福。前人曾有诗说：“劝君莫话封侯事，一将功成万骨枯。”又说：“天下常令万事平，匣中不惜千年死。”明白了这一层意思，即使有雄伟的思想、勇猛的气概，也都会像冰雪那样在不知不觉中融化掉了。

一五二

淫奔[①]之妇，矫[②]而为尼；热中[③]之人，激[④]而入道。清净之门，常为淫邪之渊薮[⑤]也如此。

【注释】 ①淫奔：旧指男女违反礼教的规定，自行结合。一般指女方往就男方。《诗·齐风·东方之日》序："男女淫奔，不能以礼化也。"孔颖达疏："谓男女不待以礼配合。"②矫：假托诈称。③热中：本是心情烦躁的意思。《孟子·万章上》："仕则慕君，不得于君则热中。"后用为急切地企图获得的意思。④激：激发、激诡，矫情立异。⑤渊薮：渊为鱼所处，薮为兽所处，比喻事物会聚的地方。

【译文】 因男女情爱随人私奔的女子，假托别辞身入空门削发做了尼姑；急切地企图获得名利地位的士子，因为名利之心不遂愤而进入佛门做了和尚。佛教清净圣洁的殿堂之内，也常常要成为淫荡邪恶的事物聚集的地方，其原因就在这里。

一五三

波浪兼天[①]，舟中不知惧，而舟外者寒心；猖狂骂座[②]，席上不知警，而席外者咋舌[③]。故君子身虽在事中，心要超事外也。

【注释】 ①兼天：兼，并吞。兼天，极言波浪之高。②骂座：谩骂同座的人。《史记·魏其武安侯列传》："劾灌夫骂座，不敬，系居室。"③咋舌：咬舌。形容因惊怕而不敢说话。

【译文】 江湖之中波浪滔天，船中之人不知畏惧，但是船外之人害怕得心寒；狂妄放肆地谩骂同座之人，席人之人不知道警觉，席外之人却害怕得不敢说话。因此君子如果遇到事情之时，身体虽然处在事情当中，但是思想要超出事情之外。

一五四

人生减省[①]一分，便超脱一分。如：交游减便免纷扰，言语减便寡愆尤[2]，思虑减则精神不耗，聪明减则混沌可完[3]。彼不求日减而求日增者，真桎梏[4]此生哉。

【注释】 ①减省：减，减少。省：全去。②愆尤：罪过，错误。③混沌可完：指可以完好保存本心、本性。④桎梏：刑具，脚镣手铐。此作束缚、拘执意。

【译文】 人生在世，减少或省去一分事情，便是超脱一分。比如：与朋友交游减少一些，便免去了许多纷纷扰扰之事；说话言语减少一些，便可减少许多的罪过与错误；思想顾虑减少一些，则可使精神不受损耗；卖弄聪明的机会减少一些，则可以完好地保存人的本性。那班不求日日减少而反求日日增加的人，真正是束缚拘执这一辈子啊！

一五五

天运[1]之寒暑易避，人世之炎凉[2]难除。人世之炎凉易除，吾心之冰炭难去。去得此中之冰炭[3]，则满腔皆和气，自随地有春风矣。

【注释】 ①天运：自然发展变化。②炎凉：气候一冷一热。常用比喻人情势利，亲疏反复无常。③冰炭：比喻二者不能相容。《韩非子·显学》："夫冰炭不同器而久，寒暑不兼时而至，杂反之学不两立而治。"

【译文】 自然界的寒冷与暑热容易躲避，但是人世间的世态炎凉却难以除掉，人世间的世态炎凉容易除掉，我自己头脑中的矛盾却难以去掉。假如能够把头脑中的矛盾去掉，那么我遍体都是和暖之气，不管走到哪里都是满地春风了。

一五六

茶不求精而壶亦不燥，酒不求冽而樽亦不空。素琴[1]无弦而常调，短笛无腔而自适。纵难超越羲皇[2]。亦可匹俦嵇阮[3]。

【注释】 ①素琴：不加装饰的琴，无弦之琴。《晋书·陶潜传》："性不解音，而畜素琴一张。"②羲皇：指羲皇上人，即太古之人。羲皇，指伏羲氏。古人想象伏羲以前的人，无忧无虑，生活闲适。陶潜《与子俨等疏》："常言五六月中，此窗下卧，遇凉风暂至，自谓是羲皇上人。"③匹俦：彼此相当。俦，同辈、伴侣。嵇阮：嵇康（223—262）三国魏谯郡人，字叔夜。崇尚老庄，工诗文，善鼓琴，与阮籍等人号称"竹林七贤"，后遭钟会诬陷，被司马昭所杀。阮籍（210—263）三国魏尉氏人，字嗣宗，能长啸，善弹琴，博览群书，尤好老庄，不满现实而纵酒谈玄，至穷途辄痛哭而返。嵇阮以潇洒闲逸著称，故曰匹俦云。

【译文】 喝茶不要求喝得太好但是茶壶之中要经常有茶，喝酒不要求喝得太浓但是酒樽之中也要经常有酒。素琴没有琴弦但是经常去弹，短笛没有腔调却能吹得畅快。即使不能超过太古时代的羲皇上人，但这潇洒闲逸也能与嵇康、阮籍相比。

一五七

释氏随缘[①]，吾儒素位[②]。四字是渡海的浮囊。盖世路茫茫，一念求全，则万绪纷起。随遇而安，则无入不得[③]矣。

【注释】 ①随缘：佛教术语。外界之事物来，与自体以感触，谓之缘，应其缘而自体动作，谓之随缘。如水应风之缘而起波，真如之于诸法。佛陀之于教化，皆然。《金光明最胜王经》五："随缘所在觉群迷。"又随其机缘，不加勉强，也叫随缘。②素位：《礼记·中庸》："君子素其位而行，不愿乎其外。"朱注："素，犹现在也。君子但因现在所居之位，而为其所当为。无慕乎其外之心也。"③无入不得：犹言无往而不利。

【译文】 佛教主张凡事不必凭空而起，应该随其缘而动作，比如水应风之缘而起波浪；儒教提倡君子应该因现在所居之位而为其所当为，不要有其他非分的行为。随缘、素位四个字实在是帮助人渡过苦海的气袋。世上道路实在遥远，你如果一心想求得凡事完满，那么各种各样的事情就会纷沓而来，使你应接不暇，而如果随遇而安，则无往而不利啊！

一五八

吾人必适志[①]于花柳烂漫之时，得趣于笙歌沸腾之处，乃是造化之幻境，人心之妄念[②]也。须从木落草枯之后，向声稀味淡之中，觅得一些消息[③]，才是乾坤之橐籥[④]，民物之根宗。

【注释】 ①适：往，去到。《诗·郑风·缁衣》："迂子之馆兮。"引申为归向。《左传·昭公十五年》："好恶不衍，民知所适。"②妄念：胡乱的念头。③消息：谓一消一长，互为更替。《易·半》："日中则昃，月盈则食，天地盈虚，与时消息。"④橐籥（tuó yuè）：古代冶炼用以鼓风吹火的装备，今之风箱。橐，外面的箱子；籥，里面的送风管。《老子》："天地之间，其犹橐籥乎？虚而不屈，动而愈出。"也比喻为动力、源泉。

【译文】 我们有些人一定要在花柳烂漫繁荣昌盛的时候寻求自己的志向，一定要到笙歌沸腾热闹非凡的地方去寻找自己的乐趣，实际上，花柳烂漫也好，笙歌沸腾也好，都是天地之间产生的虚幻的景象，都是人们心目中出现的胡乱的念头。必须是在树木零落花草枯黄之后，在声音稀少味道淡薄之中，寻觅出那世上万事万物一消一长、互为更替的关键，那才是天地之间变化的动力和源泉，才是做人的根本宗旨。

一五九

抗[①]心希古，雄节迈伦[②]；穷且弥坚，老当益壮[③]。脱落俦侣[④]，如独象之行（趴）；超腾风云[⑤]，若大龙之起舞。

【注释】 ①抗心希古：谓高尚其志，以古人自期许。《文选》三国嵇叔夜（康）《幽愤诗》："抗心希古，任其所尚。"抗，通"亢"，高，高尚。《淮南子·说山训》："申徒狄负石身沈于渊，而溺者不可以为抗。"高诱注："抗，高也。"②迈伦：超越同辈。迈：超过，超越，超脱。③穷且弥坚，老当益壮：语出王勃《滕王阁序》："老当益壮，宁移白首之心；穷且益坚，不坠青云之志。"穷：困窘，与"通"相对。《国策·秦策》：“公孙衍欲穷张仪。”高诱注：“穷，困也。”④脱落：犹脱易、脱略，不受拘束。《晋书·韩伯传》：“陈郡周勰为谢安主簿，居表废礼，崇尚庄老，脱落名教。”俦侣：伴侣，同辈。⑤风云：《易·乾·文言》：“云从龙，风从虎，圣人作而万物睹。”意谓同类相感，后因以“风云”比喻际遇。又比喻变幻的局势，庾信《入彭城馆》诗：“年代殊氓俗，风云更盛衰。”

【译文】 高尚其志，以古人自期许，杰出的操行超越同辈的人们；虽然处境困难但是意志更加坚强，虽然年事已高然而更加雄心勃勃。办事不受同时代人的束缚，就如那喜欢单独行动的大象的踪迹；驾驭那变幻莫测的局势，就像那飞龙在云天里起舞。

一六〇

事事[①]培元气[②]，其人必寿；念念[③]存好心，其后必昌[④]。

【注释】 ①事事：做事，治事。《史记·曹相国世家》：“卿大夫以下吏及宾客见参不事事，来者皆欲有言。”又犹件件、每件事。古乐府《孔雀东南飞》：“著我绣夹裙，事事四五通。”②元气：中国哲学概念，指产生和构成天地万物的原始物质，或指阴阳二气混沌未分的实体。《论衡·谈天》：“元气未分，浑沌为一。”又《言毒》：“万物之生，皆禀元气。”③念念：指极短的时间，起灭连续不断。《维摩诘所说经》上《方便品》：“是身如雷，念念不住。”梵语刹那，译为念。念念，犹言刹那刹那。北齐颜之推《颜氏家训·归心》：“若有天眼，鉴其念念随灭，生生不断，岂可不怖畏邪？”④昌：兴盛、繁荣。《书·仲虺之诰》：“推亡固存，邦乃其昌。”

【译文】 如果一个人在做每件事情的时候都注意培养自己的元气，那么这个人的寿命必定长久；如果一个人在任何时候都保持一种善良的愿望，那么这个人的后代一定兴盛繁荣。

一六一

啄[①]食之翼，善惊畏而迅飞，常虞系捕之奄及[②]；涉境之心，

宜憬觉[③]而疾止，须防流宕[④]之忘归。

【注释】 ①啄：鸟用嘴取食。《诗·小雅·黄鸟》：“无啄我粟。”②虞：忧虑，戒备。奄：忽，遽。③憬（jǐng）：觉悟。《诗·鲁颂·泮水》：“憬彼淮夷，来献其琛。”朱熹注：“憬，觉悟也。琛，宝也。”④流宕：犹飘泊。古乐府《艳歌行》：“兄弟两三人，流宕在他乡。”

【译文】 寻找食物的鸟儿，经常担心忽然之间会被捕杀，因此它常因惊吓而迅速飞翔；超越境界的思想，必须防止它在界限之外飘泊不归，应该一经觉悟就马上收回。